絵とき

バルブ
基礎のきそ

Mechanical Engineering Series

小岩井 隆 [著]
Koiwai Takashi

日刊工業新聞社

はじめに

　バルブとは、設備配管に設置されて流体を止めたり、流したり、絞ったり、流路を切り替えたりする配管機器の名称です。

　本書のベースである「配管技術」を含め、世の中に出版されている配管の技術書で取り上げている"バルブ"の解説ボリューム（頁数）は、おおよそ5%～多くても10%ときわめて少ないものです。もちろん配管技術は、バルブ以外の多くの技術要素をも開示し検討するためのものですから、コンポーネントの1つであるバルブで多くの紙面を割く訳にはいかないという事情もあります。しかし、どの配管技術書も表紙の"イメージエンブレム"には「バルブ」を使用していますし、シュワルツネガーやスパイ物の工場やプラントでの格闘シーンには、蒸気を噴き上げているバルブが背景のインパクトイメージとして多く登場しています。これらのことは、「バルブに配管技術の重要なポイントが集積されていることを示している」といっても過言ではないのです。

　そこで本書は、「絵とき 配管技術 基礎のきそ」を補完する"姉妹書"として、各種の配管に利用されているバルブについて図表やイラストを用いて基礎からやさしく解説します。

　バルブは「汎用弁」がきわめて多様化する市場や設備に横断的に大量に利用されていると同時に、多くの「専用用途弁」も派生させています。したがって、汎用弁を構成する「基本的なバルブ」

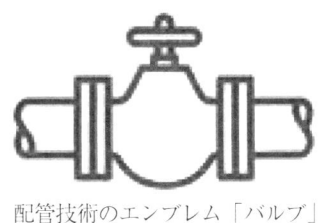

配管技術のエンブレム「バルブ」

を知ることで、これらの専用用途弁もバルブの「応用」として理解できるようになることも本書の狙いです。

バルブには、幅広い市場・種類・仕様と用途設備の奥深い技術とが秘められています。

本書は、配管技術を目指す方にその重要なコンポーネント（部材）としてのバルブを広く、深く余すところなく基礎から理解していただくために執筆しましたが、紙面の都合から内容を初級（易）、中級（普通）に限らせていただきました。さらに上級（難）および本書に網羅できなかった分野のバルブを知りたい方は、専門書などにてご確認ください。

本書執筆に当たり、たくさんの方や企業からご支援をいただきました。資料提供およびアドバイスをいただきました椎木晃様、松川繁様、鈴木弘一様、安藤紀雄様および多数の図版・写真をご提供いただきました（一社）日本バルブ工業会様、㈱ベン様、㈱オーケーエム様、日本ダイヤバルブ㈱様、西野悠司様、日本工業出版㈱様には、この場を借りて厚く御礼申し上げます。

2014年2月

小岩井　隆

絵とき「バルブ　基礎のきそ」
目次

はじめに …………………………………………………………………… 1

第1章　配管技術とバルブ
〈配管技術におけるバルブの位置づけ〉
　1-1　配管について（管と管継手） ……………………………………… 8
　1-2　配管コンポーネントとしてのバルブ ……………………………… 9
　1-3　本書で取り扱うバルブの範囲 ……………………………………… 9

第2章　バルブの理解に必要とされるスキル
　2-1　バルブを理解するための知識
　　　　…現象・単位、流体、配管 ……………………………………… 12
　2-2　流体と配管 …………………………………………………………… 15
　2-3　バルブの流体抵抗と流れの制御 …………………………………… 21
　2-4　シールの理論 ………………………………………………………… 22

第3章　バルブの基礎知識
　3-1　バルブの定義 ………………………………………………………… 28
　3-2　バルブの歴史 ………………………………………………………… 29
　3-3　バルブの分類（区分と種類） ……………………………………… 35
　3-4　バルブの大きさ ……………………………………………………… 38
　3-5　管との接続 …………………………………………………………… 43

3-6 使用条件（流体の圧力と温度、周囲環境） 52
3-7 バルブの材料（本体・要部・補助材料） 55
3-8 バルブの操作（手動・自動） 62
3-9 バルブに関係する法規と規格 64

第4章 基本的なバルブ

4-1 バルブの機能と各バルブの構造原理 70
4-2 汎用弁の種類と構造 71
4-3 具体的なバルブの構造と特徴 73
　(1)仕切弁 73
　(2)玉形弁 78
　(3)ボール弁 82
　(4)バタフライ弁 90
　(5)逆止め弁 95
4-4 異なる構成のバルブ 99
　(1)ダイヤフラム弁 99
　(2)ピンチ弁 101
　(3)コックおよびプラグ弁 102
　(4)方向（流路）切換え弁 104
4-5 バルブの操作およびオプション 105

第5章 自動弁

5-1 遠隔操作弁（電動式、空気圧式、油圧式、水圧式
　　などの流体圧を利用） 112
5-2 電磁弁（直動式、パイロット式） 126
5-3 他力式調節弁（コントロールバルブ） 131

5-4　自力式調整弁 ･･ 142

第6章　バルブが使われる場所・設備
　6-1　バルブの市場 ･･ 168
　6-2　建築設備（空気調和、給排水衛生、防災防火） ･････････ 169
　6-3　水道（施設〜水道配水） ････････････････････････････ 170
　6-4　プラント（石油工業、化学） ････････････････････････ 171
　6-5　装置工業（水処理、洗浄） ･･････････････････････････ 173
　6-6　燃料ガス設備（施設〜導管〜ガス栓） ･･･････････････ 174
　6-7　発電（火力・原子力） ･･････････････････････････････ 175
　6-8　食品・飲料、医薬品、化粧品製造 ････････････････････ 176
　6-9　半導体製造（ガス系・純水系） ･･････････････････････ 177
　6-10　農業（灌水・水耕栽培）・水産 ･････････････････････ 177
　6-11　船舶 ･･･ 178

第7章　専用用途弁〈特殊弁〉
　7-1　専用用途弁とは ･･････････････････････････････････････ 180
　7-2　専用用途の要求3要素（設備、仕様、課題） ･･･････････ 180
　7-3　代表的な専用用途弁 ････････････････････････････････ 181

第8章　バルブの選定と使い方
　8-1　バルブの選定要素 ････････････････････････････････････ 188
　8-2　バルブの設計 ･･ 190
　8-3　用途による制限（法規、認証、規格、購入仕様書） ･･ 190
　8-4　配管材料（流体や管種）による選定および注意点 ････ 192

8-5 バルブ取扱い上の注意点（施工、試運転調整）……… 203

第9章　バルブの管理・メンテナンス

9-1 保守・保全（メンテナンス）、廃棄 ……………… 206

9-2 耐用年数と保証期間 ……………………………… 209

9-3 バルブのトラブル現象 …………………………… 215

9-4 汎用弁のトラブル現象・要因・対策 …………… 217

9-5 自動弁、調節弁、調整弁の
　　 トラブル現象・要因・対策 ……………………… 228

［豆知識］

- JIS規格バルブとは？ ……………………………………… 16
- 蛇口とカラン ………………………………………………… 34
- 管は外径基準、ゴルフのカップは4¼インチ？ ………… 39
- いいことずくめの鋼管の転造ねじ加工 ………………… 47
- 薄肉ステンレス管ルーズフランジ配管
  （管端つば出し工法）による接続例 ……………………… 51
- 圧力の表示 …………………………………………………… 54
- バルブの意匠デザイン ……………………………………… 63
- 接頭辞とは …………………………………………………… 110
- 空気圧機器の空気源標準圧力は、0.4 MPa？ …………… 118
- 商用交流電源の周波数 ……………………………………… 122
- 玉形弁は、なぜ下から上に流すのか ……………………… 130
- 水に使われているのになぜ "ガス" 管」？ ……………… 171
- 建築設備のデファクトスタンダードスペック …………… 191
- ステンレスって万能？ ……………………………………… 204
- 「共連れ交換」って何？ …………………………………… 207
- 「死に水」って何？ ………………………………………… 212
- カラフルな水はアウト！ …………………………………… 221
- ウォータ/スチームハンマ ………………………………… 224

引用・参考文献 ……………………………………………… 235

索引 …………………………………………………………… 236

第1章

配管技術とバルブ
〈配管技術における
バルブの位置づけ〉

　本章では、「配管技術におけるバルブの位置づけ」を
バルブというコンポーネントとともに「配管」を構成
する材料・機器を説明します。また、世の中の"バル
ブ"という名称を有する機器の中には「設備配管に設
置されるバルブ」以外のバルブが多く存在しているた
め、本書でイメージするバルブを特定します。

1-1 ● 配管について（管と管継手）

　配管技術には、各種技術計算や経験から配管の概要を設計する「ソフト」面と、管や管継手、バルブといったコンポーネントの選定・配置などの「ハード」面とが両立して、はじめて希望する適正な設備を構成することができます。

　表1-1に配管を構成するコンポーネントを示します。

　主なコンポーネントは、ほぼ出現するボリューム順に管（pipe）、管継手（pipe fitting）、バルブ（弁、valve）、スペシャルティ（specialty、配管に接続されるバルブ以外の機器類）、ほか（以下省略）になります。それぞれのコンポーネントは、役割や機能を有しており、配管を構成するうえでそれぞれ別のものでは代用できない重要な部材です。

表1-1　配管を構成するコンポーネント

コンポーネント	主 な 品 目
管	継目なし管（シームレス管）、継目管（シーム管）
管継手	エルボ、T（ティ）、レジューサ、マイタベンド、キャップ、フランジ、フルカップリング
弁	仕切弁、玉形弁、アングル弁、逆止弁、バタフライ弁、ボール弁、調節弁、安全弁
スペシャルティ	ストレーナ、スチームトラップ、検流器、ラプチュアディスク、フレームアレスタ
配管支持装置	リジットハンガ、バリアブルハンガ、コンスタントハンガ、防振器、レストレイント
伸縮管継手	ベローズ式、フレキシブルチューブ
計器（計装品）	流量計、温度計、圧力計

（出典：絵とき「配管技術」基礎のきそ）

1-2 ● 配管コンポーネントとしてのバルブ

　表1-1では、コンポーネントとしてのバルブ（弁）の代表例（主な品目）をほんの一部あげているに過ぎません。配管技術が支えている主な産業分野を図1-1に示しますが、主に「共通技術」の部分を支える広い分野にあまねく利用されるコンポーネント「汎用弁（一般弁とも呼ばれる）」は、バルブを理解するうえでの基礎となるものですから、しっかりと理解しておく必要があります。

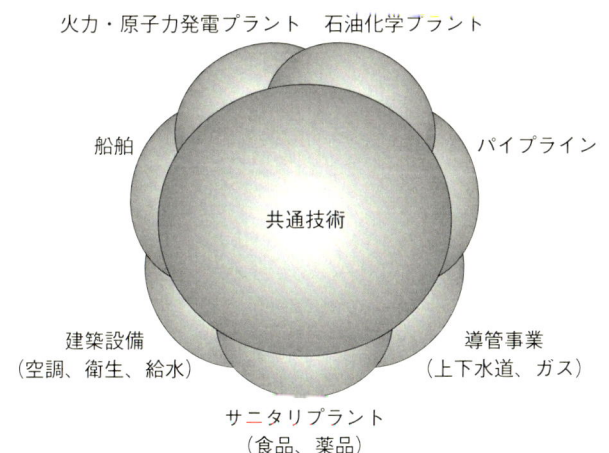

図1-1　配管技術が支えている主な産業分野（出典：絵とき「配管技術」基礎のきそ）

1-3 ● 本書で取り扱うバルブの範囲

　世の中には「バルブ」と呼んで定義されている「コンポーネント」には、本書でイメージするような"設備配管に設置されるバルブ"以外のものが多く存在しています。

本書で取り扱う（説明する）バルブは、「配管用」として特定されたもので、独立した設備配管に設けられます。したがって、次のようなバルブを含みません。

本書の解説に含まないもの：産業機械・交通機関などの油空圧制御用、エンジン用、機器内蔵の構成要素専用、タイヤチューブ用、水門・堰などの土木用、人体医療用など、**表 1-2** に示します。

表1-2の産業機械・交通機関 油空圧制御用バルブは、本書で説明する「自動弁（他力式弁、調節弁）」を加圧制御するシステム機器（空気圧補器）としては用いられていますから、バルブ付属機器として取り上げて第5章の「5-1 遠隔操作弁」の項で説明します。

表 1-2　本書の解説に含まない分野に利用されているバルブ例

市場・分野	具 体 例
産業機械 油空圧制御用	自動加工機や自動組立機、建設機械などのシリンダ制御に利用される切替え制御用電磁弁など。空気圧制御自動バルブの付属機器（一般社団法人 日本フルードパワー工業会の対象製品）
交通機関 油空圧制御用	航空機や鉄道車両の油圧制御用
車輌エンジン用	エンジンに配されているきのこ状の燃焼ガス吸排気弁
機器内蔵の構成要素専用	エアコンや冷凍機、電気洗濯機などの設備装置・機器に内蔵されている膨張弁や冷気弁、排水弁、瞬間湯沸し器に内蔵の燃料ガス制御弁・流量調節弁、車両用エアコンの温水流量制御弁など
タイヤチューブ用	タイヤチューブ付属の空気圧保持用逆止め弁（通称：むし）
土木の河川開口用途	水門・堰などの仕切弁、農業用配水弁
人体医療用	人工心臓の逆止め弁、医療点滴用カテーテルの止め弁など

第2章

バルブの理解に必要とされるスキル

　本章では、バルブを知るための基礎的な工学知識を説明します。バルブを理解するための知識として、現象と単位、流体、配管を説明します。特に配管内を流れる"流体"については、さまざまな種類があるので、その性質や挙動を知ることはバルブを学ぶためには必須となります。バルブは流体を制御する唯一の機器であるので、配管や配管設計に必要な技術の理論や計算も多くともないます。また、バルブ技術の根幹をなす"シール"についても説明します。

2-1 ● バルブを理解するための知識 …現象・単位、流体、配管

　はじめにバルブを学ぶために基礎となる現象と単位を説明します。現象（自然界の物理的なできごと）とは、原則ひとが目の前に検知できる物事が存在したり発生したりすること、水が流れるとか物体が動くなどの物理現象をいいます。また単位とは、ものや物事を物理的な量や数値で表す時に基準となる「物差し」をいいます。数量を表す「個」も単位の1つです。

　世の中の現象を表すのに「単位」を用いると定量的に定義することや計算をすることができ便利です。

　バルブの選定時には、メーカーの製品カタログや製品仕様書に記載の最高使用圧力、流体温度範囲、流量、流速、面間寸法、バルブ高さ、Cv値、有効面積、材料の性質・強度、製品質量など、いろいろな使用条件や仕様（諸言）を考慮して行うことが普通ですから、現象と単位とは最初によく理解しておかなければなりません。

　バルブ選定資料として、図2-1にJIS B 2011規格「10K青銅ねじ込み形仕切弁」のメーカーカタログ記載例を示します。

　また、バルブの多くは「汎用弁」として市場にストック生産されている製品ではなく、需要者の仕様にそって"受注生産"される特殊な製品も多く存在します。特殊な製品は、通常、製品仕様書や図面、製作や検査、材料など各種要領書（納入品仕様書・図面類などと呼ぶ）を図書契約書として事前に取り交わしてから受発注、製造が開始されます。

　表2-1に一応知っておきたい現象と単位について示します。

　現象にはさまざまな物理量があり、表2-1に示す単位が設けられています。国際単位として「メートル系」で定義したものを"SI単位"と呼んでいます。ただし、従来から利用してきたなじみのあるCGS単位や米国などまだSI単位に移行していない（ポンド、インチ、ガロンなどの単

位を利用）国があるなど、単位の世界ではまだ世界統一は図られていないのです。

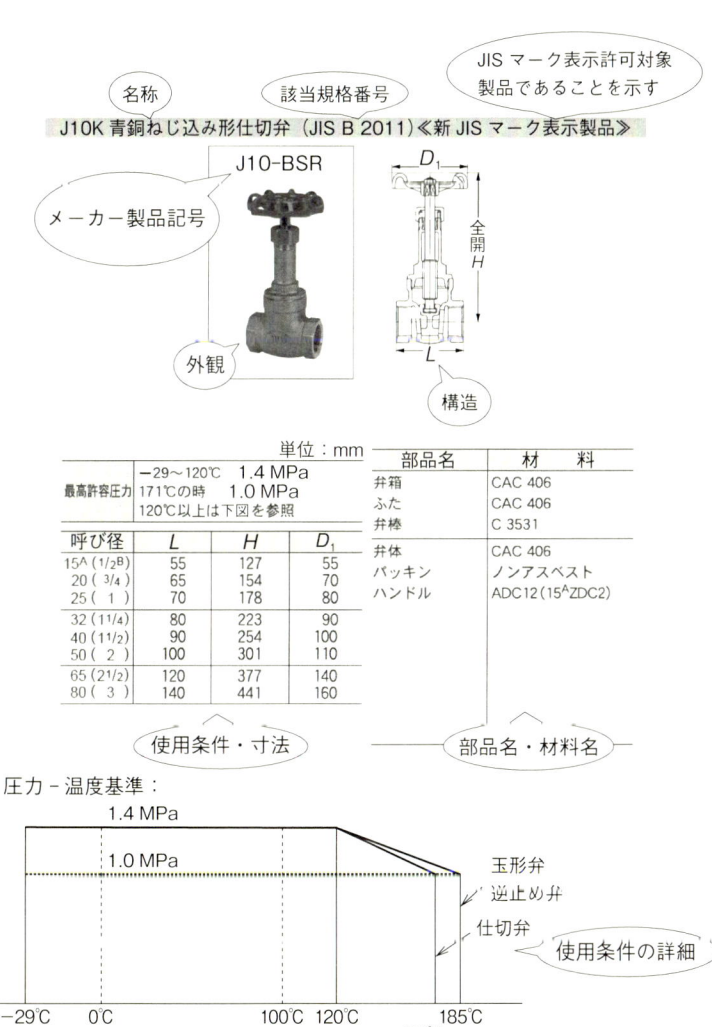

図 2-1　JIS 規格「10K 青銅ねじ込み形仕切弁」のメーカーカタログ記載例

表2-1 知っておきたい現象と（SI）単位一覧[2]

項目	SI単位および併用できる単位	従来単位	換算率
質量	kg、t〔トン〕 （1 t = 1,000 kg）		
力	N（ニュートン）	kgf	1 kgf = 9.81 N
圧力	Pa（パスカル）	kgf/cm^2	1 kgf/cm^2 = 0.0981 MPa
熱量	kJ（ジュール）	kcal	1 kcal = 4.186 kJ
熱流（仕事率）	W（ワット）	kcal/h	1 kcal/h = 1.163 W
粘度	Pa·s、P（ポアズ） （1 P = 01 Pa·s）		
動粘度	m^2/s、St（ストークス） （1 St = 10^{-4} m^2/s）		
熱伝導率	W/〔m·K〕	kcal/m·h·℃	1 kcal/m·h·℃ = 1.163 W/〔m·K〕
比熱	kJ/〔kg·K〕	kcal/kg·℃	1 kcal/kg·℃ = 4.186 kJ/〔kg·K〕
温度、温度差	K、℃		
角度	rad（ラジアン）		
長さ	m（メートル）		
面積	m^2		
体積	m^3、L（リットル）		
時間	s、min、h		
音圧レベル	dB（デシベル）	ホン	1 ホン = 1 dB
周波数	Hz（ヘルツ）		

2-2 ● 流体と配管

　次にバルブにとって切っても切れない「流体」そのものと、「配管（バルブ以外のコンポーネント）」についてはバルブを学ぶ前にまず理解しておかなければなりません。バルブは配管部材であるので、流体と配管とが存在してはじめて取り付けることができ、かつ有する機能が発揮できるわけです。

　理工学系の専門学校や高専・大学を卒業された方、および配管を専門とする技術者の方は、一応本書でバルブを理解するうえで必要とされるスキルはおおむね所有されていると思われるため、そのまま次章にお進みいただいてかまいません。

（1）流　体
① 流体とその性状

　配管を流れる流体とは、水や空気のように条件によって分子レベルで自由に運動して移動できる物体を示し、基本的には"液体"と"気体"です。ただし、物体は温度や圧力によってその態様（状態）を変化させるものも多く、たとえば水はその代表です。氷（固体）⇔水・湯（液体）⇔蒸気（気体）と変化します。流体の連続的な移動を「流れ」といいます。

　液体には、水・油などの他、乳飲料や酒類などさまざまなものがあります。気体では、空気・窒素ガス・水素ガス・アルゴン・ヘリウム・二酸化炭素・LPG・都市ガス・笑気（医療用麻酔）ガス・アンモニアガス・冷媒ガス（フロンなど）などさまざまなものがあります。

　固体は、分子レベルでは自由に運動できないので通常は流体になり得ませんが、"粉粒"状に加工して水や空気で搬送するという手段が開発されていて、特殊な流体として扱うこともできます。粉体の制御は医薬品や食品、石炭、セメントなど多くの産業で取り扱われています。"固体"である氷もシャーベット状になれば、流すことができます。固形物の入

った粘度が高い液体の各種食品（スープや味噌、水飴など）やチョコレートさえも製造ラインでは"流体"として扱われて流されています。

② 圧縮性と非圧縮性

液体と気体は、流体として扱う場合、その性状（性質）は大きく異なります。気体は大気圧状態では広く空気中に拡散することもありますが、圧力がかかるとその体積を減じます。逆にいえば、気体はかなり体積を圧縮しないと、圧力が上がらないことになります。このことを「圧縮性」といいます。すなわち、流体そのものが伸び縮みするわけです。したが

豆知識

JIS 規格バルブとは？

"日本工業規格 JIS（陸用 B シリーズ）"には、汎用的に利用されるバルブを標準化する（工業標準化法）として青銅バルブ、ねずみ鋳鉄バルブ、ダクタイル鋳鉄バルブなどが規定されています。この規格にそってメーカーが製作したバルブを「JIS 規格準拠品」と呼んでいます。

ゴムシート中心形バタフライバルブは、この"準拠品"になります。また JIS には規格化と同時に「JIS マーク表示許可制度」が併立されています。

これは規格準拠品の製品品質や製造工程（工場）の審査を受け合格した後、JIS マークを製品に付与することを許可され、この JIS マークが付された規格準拠品をはじめて"JIS 規格バルブ"と呼び、規格品として利用できます。

マークの付された JIS 規格バルブは、水道や消防など各種の設備用として法的に優先利用が可能な利点があります。

JIS マークが付いてるよ！

って、気体の加圧器は"ポンプ"と呼ばずに圧縮機（コンプレッサ）と呼んでいます。

これに対して水や油などの液体は、圧力による体積の増減は微小であり、ほとんど無視できます。この液体を「非圧縮性」と呼んでいます。配管設計にかかわる種々の計算では、これら両者の態様は大きく異なるため、流量の計算式などほとんどが区別して扱われています。

（2）配　管

流体が流れる「配管」には、種々の理論や法則が経験的にわかっています。これらを用いて配管設計を行うことができます。

① 流体のエネルギー保存の法則（ベルヌーイの法則）

「物体の有する位置エネルギーと運動エネルギーとの総和は一定」という"エネルギー保存の法則"があります。これを流体に当てはめれば、「流体のもつエネルギーの保存則」となり、図2-2に示すように"水頭（水のもつ位置エネルギーに換算した圧力単位）"で表すことが多くあります。このことをベルヌーイの法則または定理と呼び、全水頭は、"損失"を含めた総和で表されます。また具体的な計算式にしたものを「ベルヌーイの式」といいます。

この法則の応用例として、夜間の余剰電力を利用してダムの水量を上にポンプアップして位置エネルギーに変換しておき、昼間に水力発電して電気エネルギーに戻して使用電力の平準化を行っている例があります。

② 層流と乱流（レイノルズ数）

直管内の流れの状態について見てみると、流体の速度分布は図2-3のような形状になります。これは管壁に摩擦が存在するためで、原則管壁面の流速は、"0"になります。この速度分布の平均をとって"流速"を表しているのです。また、流速や粘性によって流れは"層流"と"乱流"とに分かれます。この分岐点を数値で表すと2,300～4,000となり、これを"レイノルズ数"と呼んでいます。液体の水では、比較的の粘性は低いため、ほとんどの実用流量範囲では、乱流と考えてよいのです。

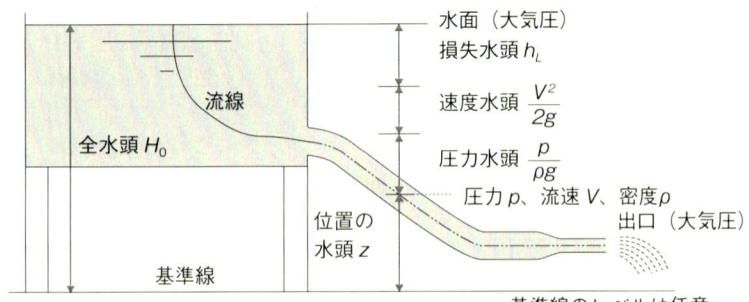

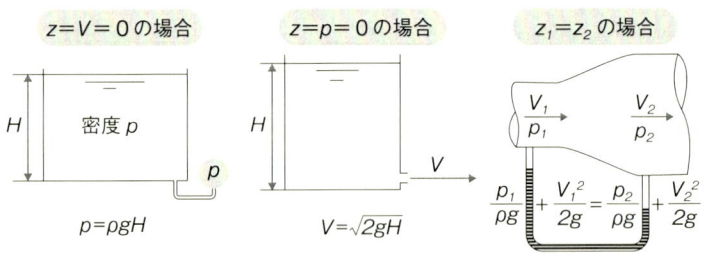

図2-2 流体の持つエネルギーの保存則とベルヌーイの定理概念図
(出典:トコトンやさしい配管の本)

　このことはあくまで"直管"についての理論であって、管継手やバルブなどの複雑な形状では、乱流に加えて"渦流"や"偏流"、場合によっては"キャビテーション"や"チョーク"などきわめて不均一な流れの状態が発生しますから、レイノルズ数で表される単なる乱流とは別の取り扱いが必要になります。したがって、配管流速（流量）を計測する際は、必ず直管部（整流部）で行う必要があります。

　③　**圧力損失（渦流と偏流、管継手やバルブの圧力損失）**
　流体が配管内を流れると直管であっても圧力損失があることをベルヌーイの法則のところで説明しました。管継手で流路を曲げたり、絞ったり、またバルブで絞ったりすれば、なおさら圧力損失が発生します。
　ポンプや管継手、バルブの出口では、必ずといってよいほど渦流や偏

項目	層流	乱流
流れ方（流線）	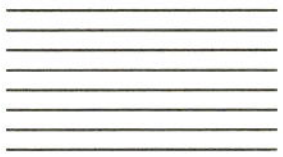 粘性に縛られた整斉とした流れ	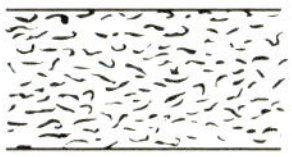 粘性の影響の少ない乱れた流れ
流速分布	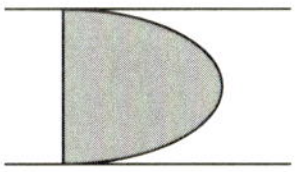	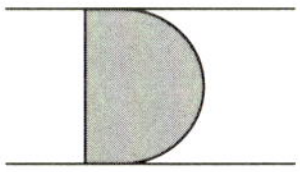
レイノルズ数との関係	Re 数≦2300	Re 数≧4000
	2300＜Re 数＜4000 では層流になったり乱流になったりする	
損失水頭との関係	主として粘性が損失水頭に影響する	主として、管表面粗さが損失水頭に影響する

流れの乱れやすさの指標 Re 数

$$Re = \frac{d \times V \times \rho}{\mu} = \frac{d \times V}{\nu}$$

- d：管内径
- V：平均流速
- ρ：密度
- μ：粘性係数
- ν：動粘性係数 $= (\mu/\rho)$

Re 数（レイノルズ数）は流体の $\dfrac{流体の慣性力}{流体の粘性力}$ を表している。

Re 数の大きい流体は慣性力が大きく、粘性力が小さいので、乱れやすく、
Re 数の小さい流体は慣性力が小さく、粘性力が大きいので、整斉と流れる

図 2-3　層流と乱流、流れの乱れやすさの指標レイノルズ数概念図
（出典：トコトンやさしい配管の本）

流を生じています。

　特に継手ではレジューサによる"拡流"およびバルブを絞る際に大きな渦流や偏流が発生します（**図 2-4** 参照）。

　前項では、配管流速（流量）を計測する際は、必ず"直管部"で行う必要があると記しましたが、上流に渦流や偏流の発生要素が存在するときは、口径の 10～20 倍の長さを直管部"整流部"として確保しなければならないことがあります。

損失水頭が小	損失水頭が大	解説
ロングエルボ 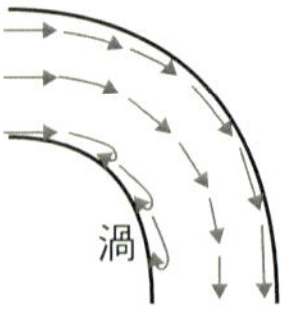	ショートエルボ 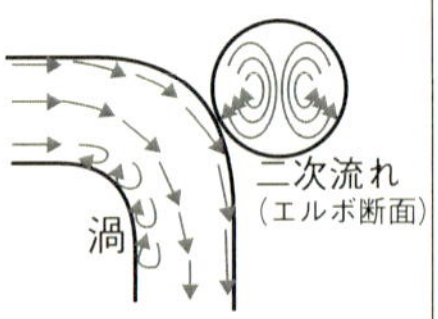 二次流れ (エルボ断面)	エルボの曲げ半径の小さい方がより強い二次流れにより、激しい渦ができるので、損失が大きい
ラテラル 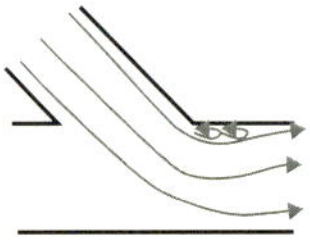	Tピース 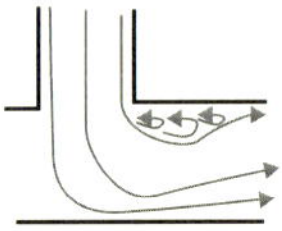	ラテラルの方が流れがスムースに母管に流入し、渦の激しさが小さい
仕切弁、ボール弁 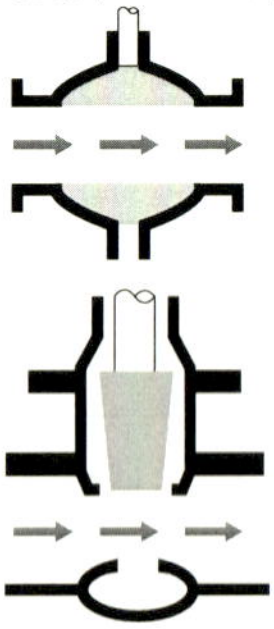	アングル弁、玉形弁 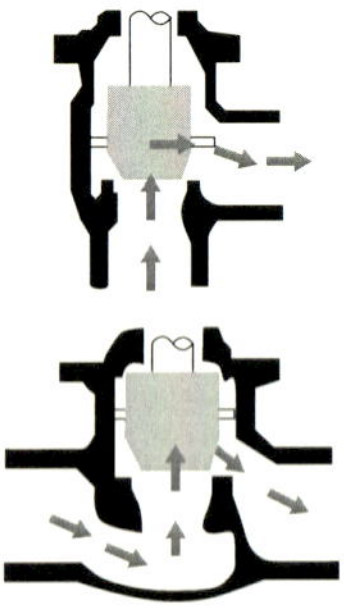	仕切弁、ボール弁は流れが直進するのに対し、アングル弁は流れがL字状に曲り、玉形弁はS字状に2回曲がるので、流れが大きく乱れ、損失が非常に大きくなる
縮小レジューサ 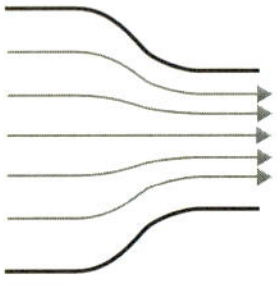	拡大レジューサ 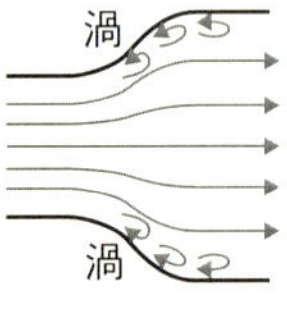 渦	縮小レジューサは拡大レジューサと逆で、下流の静圧が下がり、流れやすくなるので、圧力損失は小さい 拡大レジューサは下流で流速が下がるので、静圧が上流側より高くなり、壁付近で逆流を起こし、損失が大きくなる

図2-4 バルブと管継手の損失水頭 (出典：トコトンやさしい配管の本)

2-3 ● バルブの流体抵抗と流れの制御

　バルブの損失水頭は、バルブの各論にて説明しますが、「止め弁」、「逆止め弁」、「エルボ（管継手）」の流体抵抗イメージを**図2-5**に示します。

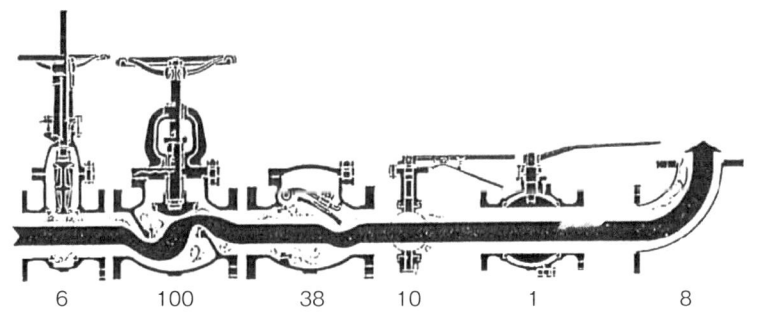

図2-5　「止め弁」、「逆止め弁」、「エルボ」の流体抵抗（圧力損失）イメージ
　　　（図中の数字は、フルボアのボール弁を基準とした場合のおおよその比率を示す）

　調節弁や調整弁などもっぱら"絞る"ことを仕事としているバルブは、この損失水頭を上手に調整して流量（瞬時流量）をコントロールしているのです。

　流量をコントロールすることによって、全流量（タンクのレベル）や、結果として圧力、温度、分析（pHや導電率など流体の性状）などのファクタをコントロールしているのです。

　調節弁などで流体を絞る場合、そこに大きな圧力損失を加えなければならない場合、制御性の悪化などやキャビテーション（空洞現象）の発生に起因する異常騒音や、異常振動などの課題を生ずる場合があります。

　調節弁の設計では、これらの課題を解決する必要があり、種々の考案や開発がなされて今日に至っています。

　調節弁は、第5章5-3節で説明します。

2-4 ● シールの理論

　バルブには、配管内の圧力（または負圧や真空）に抗して"外漏れ（バルブから配管の外部への漏れ）"と"内漏れ（バルブシートから下流への配管内部漏れ）"の2つが存在します。

　"外漏れ"は、基本的に管や管継手などのコンポーネントなどにも共通する対策をすべき現象です。ただし、外漏れには管や管継手などのように接続端（継手との接続部）からの漏れの他にバルブ固有の外漏れ：弁箱とふた（ボンネット、またはキャップ・カバー）との接続部からの漏れ（業界専門用語で"胴着漏れ"と呼ぶ）、：弁棒シール部（グランドパッキンと呼ぶ）からの漏れ（業界専門用語で"グランド漏れ"と呼ぶ）の2つがあります。

　図2-6に青銅製小口径ねじ込み形仕切弁における漏れの種類を、また**図2-7**に青銅製小口径ねじ込み形ボール弁における漏れの種類をそれぞれ示します。

　弁棒などの軸用パッキンは、ポンプなどの機器にも存在しますが、水用ポンプは冷却のためわざと少量を漏らす技術も利用していますから漏れていても良いのです。バルブは、原則"外漏れ"と"内漏れ"の双方あってはならないことになっています。

　バルブ接続端からの漏れは、ねじやフランジ、その他の管継手と同様ですから、詳細はそれらの技術書籍（「絵とき 配管技術 基礎のきそ」や「絵とき 機械要素 基礎のきそ」など）を参照願います。

　バルブのシール技術は、まさにバルブの根幹をなすもので、バルブを設計するうえでは、理論計算と経験値による難しい技術です。しかし、バルブを"コンポーネント"として利用する場合には、この設計はほとんどメーカーの技術基準に則して行われており、購入者が"バルブの設計"の細部にまで深く関与する場合は、特殊で重要な用途の利用に限られると思われます。汎用弁など広く用いられるバルブは、先のJISなど

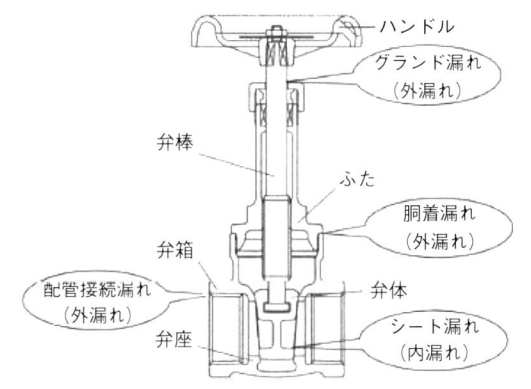

図2-6　青銅製小口径ねじ込み形仕切弁における漏れの種類

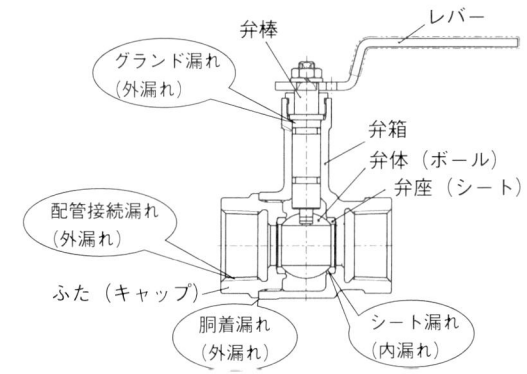

図2-7　青銅製小口径ねじ込み形ボール弁における漏れの種類

の規格に標準化され、選定の簡素化が図られています。

（1） 弁箱とふた（ボンネット、またはキャップ・カバー）との接続部からの漏れを防ぐ技術

　汎用弁では、小口径に図2-8に示すねじ込み式またはユニオン式、中大口径に図2-9に示すフランジ形を主として用います。

　電力弁など高圧弁では、圧力が高まると図2-9に示すガスケット式では止まらないため、内圧が高まるほどさらに圧縮されて止まりが良くな

図2-8 ねじ込み式ふた（ボンネット）の構成例（スクリューイン、オーバースクリュー、ユニオン）

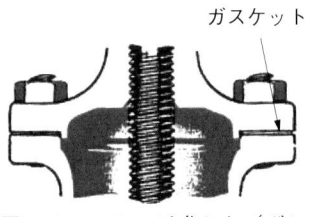

図2-9 フランジ式ふた（ボンネット）の構成例

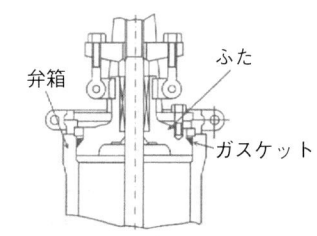

図2-10 高圧弁のプレッシャーシール式ふたの構成例[1]

るプレッシャーシール式（図2-10）を採用する場合もあります。

　ユニオン式、フランジ式は弁箱とふたのシール剤としてガスケットを用いますが、小口径のさびない青黄銅やステンレス製バルブでは、図2-8のシール面のようにガスケットを用いないメタルタッチとすることが多くあります。

（2）　弁棒グランド部からの漏れを防ぐ技術
①　グランドパッキン

　水から汎用蒸気までのある程度の流体温度範囲をカバーするグランド部の構成として、グランドパッキンを利用する方法がポピュラーです。このタイプは"パッキン（詰め物）"を弁棒とふたの間のパッキン室に詰め込み、ねじで軸線方向に応力を加えてそれぞれの"隙間"を塞ぐもので、古くから利用されています。パッキンに応力緩和を生じ漏れる場合が発生しますが、パッキンが健全なうちは"増し締め"により再シール

（漏れ止め）が可能です。図 2-11 に弁棒シール部（グランドパッキン）の構造例を示します。

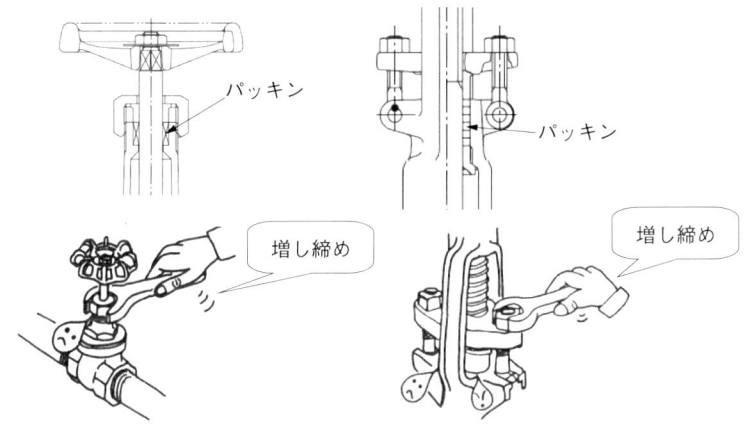

図 2-11　弁棒シール部（グランドパッキン）の構造例

② Oリングシール

ボール弁やバタフライ弁など"エラストマ（合成樹脂）"材料をシートに利用しているバルブは使用温度範囲が比較的狭いため、ゴム製Oリングなど"自封性"特性をもつパッキンを利用する場合が多くあります。この構成は、パッキンの材料・寸法が健全なうちは漏れませんが、漏れた場合は前者のように"増し締め"による再シール（復元）ができません。図 2-12 に弁棒シール部（Oリングシール）の構造例を示します。

③ 特殊な弁棒シールの構成

特殊なボール弁では、図 2-13 のように合成樹脂ワッシャをボデーとハンドルとの間に挟んでナットで締め上げ、弁棒シールを構成するものもあります。

半導体や医薬などの製造でグランド漏れを嫌う用途では、図 2-14 に示す構成のようにグランド部をダイヤフラムやベローズを用いて内部流体（圧力）から隔離してしまう技術もあります。

25

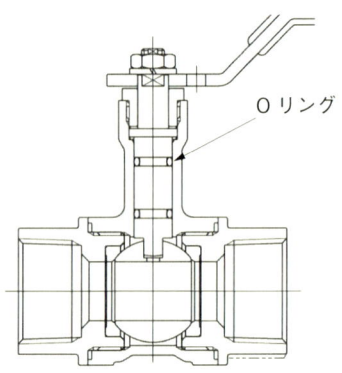

図2-12 弁棒シール部（Oリングシール）の構造例

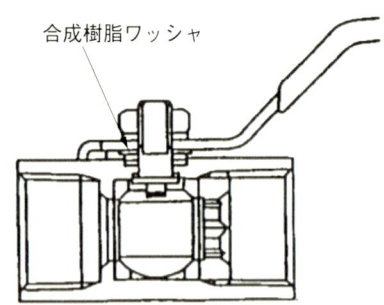

図2-13 合成樹脂ワッシャを用いた弁棒シールの構成例（ボール弁）

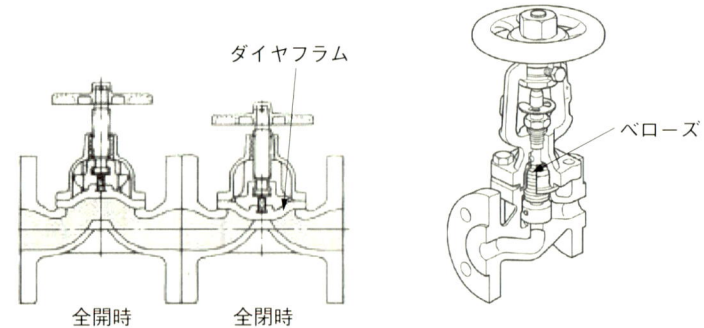

図2-14 グランド部が流体から隔離されているバルブ（ダイヤフラム弁・ベローズ弁）の構造例[1]

第3章

バルブの基礎知識

　第4章以降のバルブを具体的に説明するに当たり、バルブの基礎知識を説明します。あらゆる産業分野に利用されているバルブ（配管）には、きわめて多くの種類や派生品が存在します。また、古くからの利用に裏打ちされた歴史を有しています。バルブの概要についていろいろな要素や切り口から説明します。

3-1 ● バルブの定義

「バルブ(valve)」とは、JIS規格の定義によると、"流体を通したり、止めたり、制御したりするため、通路を開閉することができる**可動機構をもつ機器の総称**"となっています。わかりやすく言い換えると、"配管内の水を主体とするいろいろな流体の流れを止めたり、流したり、絞ったり、逆流だけを止めたり、流路を切り替えたりする機能をもった配管用機器の総称"です。

用語としては、単独で用いる場合は「バルブ」を、用途・種類・形式・材料・機能などを表す"修飾語"が付く場合は「弁(べん)」を用います。たとえば、「元弁」・「制水弁」・「逆止め弁」・「玉形弁」・「青銅

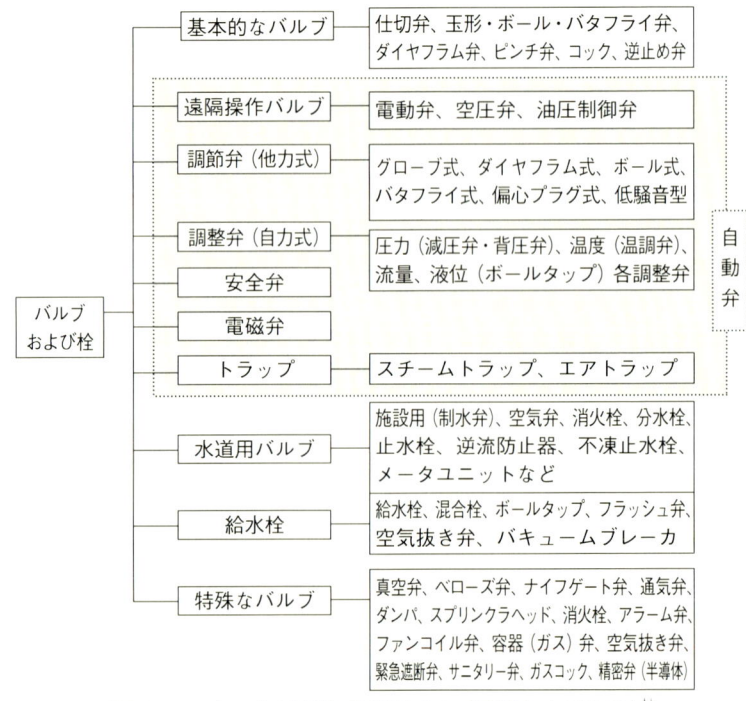

図3-1　バルブの種類(「新版バルブ便覧」より抜粋)[1]

弁」・「減圧弁」などです。

「栓」は、ほとんどバルブ・弁と同義語で使用されますが、イメージとしてバルブが主に配管途中に設けられることに対して、栓は流体の切り出し（バッチ処理・分配）の配管末端（二次側圧力は大気圧）に設けられるものがほとんどを占めています。たとえば、「給水栓」、「消火栓」、「ガス栓」などです。

図3-1にバルブ・栓の種類を示します。なお、JIS用語では水栓は「給水管に取り付けられて利用されるバルブの総称」との意味付けがあります。

3-2 ● バルブの歴史

流体を扱う配管は古代より存在していて、バルブもローマ時代からあったといわれています。カリギュラ帝時代の軍船に利用されていた青銅製コック（図3-2）が金属製のバルブの原点といわれています。また、ローマ帝国時代には映画"テルマエロマエ"で有名になった市民用の温浴施設や水道が完備されていたといわれているので、そこには何らかのバルブが存在したと考えるのが自然です。中世までの配管（管）は金属製ではなく、陶管や土管が主体であったことが、東西の遺跡から出土していることで判明しています。

図3-2　ローマカリギュラ帝時代の青銅製コック[1]

国内でも江戸は当時の人口では、有数の世界都市であり、"水道"というインフラはかなり整備されていたとの記録があり、玉川上水から江戸城に至る石材や木製管による水道が施設されていたといいます。この水道本管がお濠を渡った場所が現在の「水道橋」です。

　江戸時代の水道は"上水"とも呼ばれ、石や木で造られた水道管（石樋・木樋）によって上水井戸に導かれ、人々はそこから水をくみあげて飲料水・生活用水として使用しました。

　東京都文京区本郷にある東京都水道歴史館には、江戸時代の上水供給設備が展示されており、石樋（せきひ）⇒木樋（もくひ）⇒竹樋（たけひ）⇒上水井戸の構成が示されています。無圧力の「重量式排水方式」ですから、ここに何らかのバルブが存在したかは不明ですが。

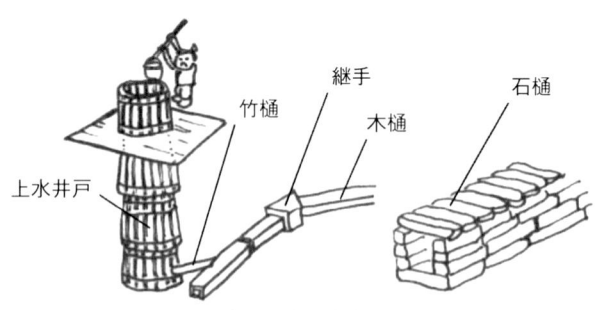

大江戸水道構造図

　現在の圧力に耐えられる金属製バルブに近い形は、近代のイギリスの産業革命まで存在しなかったと思われますが、最初に「ねじ」が発明され、これが鉄砲（一種の圧力容器）などの兵器に利用され、その後各種の工作機や鋼管を用いた配管を備えた蒸気機関に繋がっていったのではないだろうかと思われます。

　日本では江戸時代末期から明治時代にかけて産業革命の完了した英国や米国などから輸入された蒸気機関船（戦艦）、産業用ボイラ、蒸気機関車などの装置配管に一緒に装着されていたものが最初のバルブであろうと思われます。一説には明治の中頃、信州諏訪地方で使われたフランス

製操糸機に設けられていた「カラン（オランダ語 kraan で水栓のこと、いわゆる"蛇口"で黄銅製の給水用コック）」が"女工カラン"や"蒸気用カラン"として登場しており、これらが日本ではじめての金属製バルブといわれています。

その後、横浜市から始まった水道設備やガス灯などのインフラ整備にバルブが登場したものと見られます。江戸時代末期から明治時代にかけての近代黎明期は、すべての機械装置がそっくり輸入に頼っていました。軍艦や蒸気機関車などはもちろん、鉄製の線路や鉄橋そのもの、機械を作るマザーマシンに至るまで、すべて舶来品に頼っていたのでした。

産業の基盤となる鉄鋼製の線路や鋼管が次第に国産化されるようになり、バルブについても遅ればせながら明治末期から大正にかけて国産化およびマスプロ化が進み、この時期に現在国内の「老舗」と呼ばれる多くのバルブメーカーが設立されました。当然のことながらこの頃は、発展途上国として"舶来製のものまね"から参入したメーカーが多くありました。

基本的なバルブ（汎用弁）の種類・構造では、玉形弁や仕切弁、およびコックは、この頃から基本的な構成は現在でもほとんど変わっていません。第二次世界大戦後バルブで大きく変化したものは、バタフライ弁とボール弁、ダイヤフラム弁です。これらのバルブは、戦前から基本的な構成の発明はなされていましたが、材料的な問題でバルブとして十分な性能を発揮するに至らず、補助的な活躍の場を与えられたに過ぎません。これらのバルブは、シール部材料に樹脂やゴムなどの"エラストマ"を利用している点が共通項であげられます。

エラストマは、戦後新材料の研究・開発や性能改善によっていちじるしく進化したため、たとえばそれまで調整用絞り弁（ダンパと呼ぶ）としてこの用途のみしか利用できなかったバタフライ弁を、水漏れ０の圧力配管用「止め弁」にまで進化させ、また、ボール弁は四フッ化エチレン樹脂（通称テフロン®）の開発により進化し、両者は後年のバルブ自動化対応との相性の良さもあって、世界的に伸長してきました。

また、忘れてはならないことに機械加工精度の向上があります。ボール弁やバタフライ弁の弁体は、高精度の真球加工技術がともなってはじめて高性能バルブとして機能するからです。

　コックは、国内最初の金属製バルブから第二次大戦後の高度成長期までは、「バルブ・コック」と呼ばれバルブと並ぶ"花形機種"でしたが、次第に他の弁種、特にボール弁（「ボールコック」とも呼ばれる）にその地位を取って代わられ、現在では生産数量は激減し特殊な用途での活躍の場を与えられているにすぎません。

　近年では産業の細分化・再構築と配管仕様の高度化・専門化にバルブも対応するべく、個別要求に応じたバラエティな製品（専用用途バルブ）が各種販売されています。特に医薬・飲料・食品、半導体、ロケット燃料、LNG、真空、原子力・火力発電などの分野および調節弁における上位技術である「自動化計装」では、技術革新の進歩に目覚しいものがあります。

　表3-1に昭和戦後期～平成期におけるバルブの環境変化と技術的変遷を示します。バルブも配管技術と同様に、上位技術や取り巻く環境による変化（要求、課題、法規）に対応して技術的な変遷を遂げてきました。

　詳細な各論は、第6章「バルブが使われる場所・設備」および第7章「専用用途弁」で説明します。

第3章 ● バルブの基礎知識

表 3-1 昭和戦後～平成期におけるバルブの環境変化と技術的変遷 (椎木晃氏資料より)

(記号) ○:イベントの発生 ～:必ずしも明確ではない区切り │:明確な区切り

項目	年代	1950年代	1960年代	1970年代	1980年代	1990年代	2000年代
バルブの環境変化	機械工業の振興政策	機械工業振興臨時措置法 第一次 ─ 第二次 ─ 第三次					
	動力市場の推移		火主水従への変換	原発稼働		超超臨界火力発電所	
	産業・建設市場の推移	プラント近代化 プラント大形化 ─ ビル建設活況 船舶建造量世界一 30万tエチレンプラント		LNG基地	住宅建設 復調 半導体製造装置 ○～○H-Ⅱロケット打上げ	フィールドバス H1 規格	
	情報技術の進展			分散形デジタル計装			
	公害・安全・地球環境上の問題		赤水問題	騒音に依る環境基準	石綿 規制		京都議定書 水道水質基準
バルブの技術的変遷	生産技術の充実・強化	青銅・鋳鉄専業化 設備更新と生産性向上 海外技術の導入		国産供給の充実	海外進出開始		
	製品仕様(気象条件)の拡大	3.5MPa/350℃ (目標値)	6MPa/482℃	-162℃	(-269℃) 31MPa566℃-253℃ ○ ○		
	仕様・機能拡大のための製品設計	湯水混合水栓 高圧弁溶接接続 シングル混合栓 高圧弁応力解析 自己給電自動水栓					ポジショナインテリジェント化
	安全・快適生活のための製品設計	閉止弁	回転弁普及	コンセントカラン ヒューズガスコック 低騒音弁	定電止水機能水栓 水栓ハイジーン向上		水道水質基準への対応 給水用管端ねじ込み形弁 ノンアスベストシールへの転換

33

豆知識

蛇口とカラン

「蛇口」の語源は、日本の近代水道初期に道路脇の共用栓（公共水飲み場用の水栓）のデザインで「蛇」を用いたことに由来します。1887年（明治20年）に横浜から日本の近代水道が始まりましたが、当時はイギリスから輸入した共用栓に欧州の水の神である「ライオンの頭部」（獅子頭）が採用されており、日本製の共用栓を製作する時には「龍（水神）」を用いたのでしたが、その名称は空想上の動物である龍の元となった生物としての「蛇」から「蛇体鉄柱式共用栓」と呼ばれました。やがて専用栓が作られましたが、蛇から水が出るこの共用栓の名称から「蛇口」と呼ばれるようになりました。

一方「カラン」の語源はオランダ語で「鶴」を意味する「クラーン kraan」から来ており、蛇口の長い管が鶴の首から頭に見え、鶴に似ていることが語源といわれています。銭湯などでこの表記が用いられることが多くありますし、シャワーとの切り替え表示で"対"として機器に表示されることも多くあります。どちらも英語では「water tap（英）」または「faucet（米）」です。

東西の水神：水を吐く龍とライオン

3-3 ● バルブの分類（区分と種類）

　バルブをスマートに分類することはきわめて難しいとされています。その理由は、いろいろな切り口は確かに存在していますが、さまざまな用途（設備）に利用するので、要求仕様や課題など"優先順位"がそれぞれ大きく異なるため、切り口にもそれぞれ軽重が生ずることがあげられます。たとえば「玉形弁」という基本的構造でその仲間を集めると、水栓から半導体ガス用、計装用、石油工業大口径用、発電高温高圧用など、バルブの姿（外観）としてはまったく"似て非なる形態"になってしまいます。

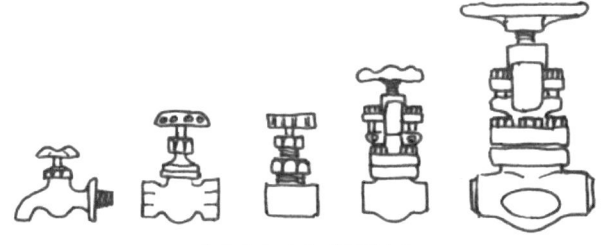

俺たちみんな"玉形弁"

　図3-1「バルブの種類」を見ていただくと一目してわかりますが、バルブの"修飾語"にいろいろな切り口（分類）からの名前が付与されています。バルブは長い利用実績（歴史）が存在することも、分類の切り口を特定し一律に揃えることができない理由となっているようです。
　このような状況からバルブの全体像を体系化することも難しく、世界的にもバルブの体系化分類は確立されていません。
　世界で唯一、国内JIS規格JIS B 0100-2013「バルブ用語」では、"参考資料"として「バルブの体系（図）」が示されているので、用語と同様にこれを参照ください。この規格は、直近2013年に若干内容が改訂されました。本書では、わかりやすく説明するため、必ずしもJIS規格に沿った分類や用語をすべて採用していません。

（1） バルブの分類と選定要素

バルブ選定にあたり必須な要件をあげると、使用（制御）目的、流体の種類・性状、圧力・温度、環境、重要度などの使用条件項と、バルブ材料、バルブ形式などの仕様要素項とがあります。また実際の選定では、用途、法規・規格も検討対象に加える必要があります。これらを整理すると図3-3のようになります。

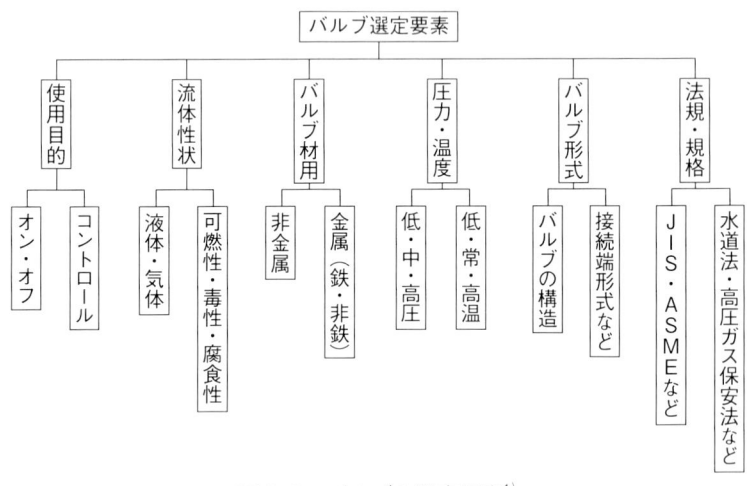

```
                         バルブ選定要素
  ┌──────┬──────┬──────┬──────┬──────┬──────┐
使用目的  流体性状  バルブ材用  圧力・温度  バルブ形式  法規・規格
  │      │      │      │      │      │
 ┌┴┐   ┌┴┐   ┌┴┐   ┌┴┐   ┌┴┐   ┌┴┐
オ コ  液 可  非 金  低 低  バ 接  J 水
ン ン  体 燃  金 属  ・ ・  ル 続  I 道
・ ト  ・ 性  属（ 中 常  ブ 端  S 法
オ ロ  気 ・  鉄  ・ ・  の 形  ・ ・
フ ー  体 毒  非 高  高 式  構 A 高
   ル     性  鉄 圧 温  造 な  S 圧
         ・      ）        ど  M ガ
         腐              E ス
         食              な 保
         性              ど 安
                          法
                          な
                          ど
```

図3-3　バルブの選定要素[1]

図3-3には記載されていない重要な要素に「価格」があります。いつの時代にも、"価格"は、経済性を左右する大きな選定要素になっています。当然バルブ便覧や各種の技術書には、その書籍の性格上、製品価格に関した記載はほとんどありません。本書では、"経済性が高い"など定性的に価格・コストを表現しています。

"価格"はとかくイニシャルコストを重要視しがちですが、安全性、品質の安定性、耐用年数、使用時やメンテナンス時のランニングコストや更新時・廃棄時のトータルコストまでも考慮して選定すべきです。

また、グリーン調達に対応した「環境負荷」への配慮・課題（CO_2削減、分別廃棄の容易性を考慮した製品設計など）も今後考慮されるべき

重要な要素であろうと思われます。

（2） バルブの区分方法と種類

きわめて多くの種類があるバルブを、どのように分類するかは大変難しいことですが、一般的な方法に従ってバルブを用途・構造（形式）・機能・操作方法・圧力および温度・材料などで区分し名称を付けると表3-2のようになります。

表3-2　バルブの区分と種類

区　分	種　類（名　称）
用　途 市　場 場　所	石油・化学・医薬品・食品・計装制御・建築設備（給排水衛生・空調・防災）・上水道・下水道・産業用装置機器・造船・電力・ガスなど。 　制水弁・ガス用容器弁・タンク元弁・電力弁・サニタリー弁など用途名で呼ばれることもある。
基本構造 （形　式）	仕切弁（ゲートバルブ）・玉形弁（グローブバルブ）・逆止め弁（チェックバルブ）・フート弁・ボール弁・バタフライ弁・ニードル弁・ベローズ弁・ダイヤフラム弁・アングル弁など。 　これら以外にも種々の構造の組合せ品があり種々の呼び方をしている。
機　能 効　果 作　用	安全弁・電磁弁・減圧弁・逆流防止弁・緊急遮断弁・スチームトラップ・バキュームブレーカ・空気抜き弁・一斉開放弁・比例制御弁・スプリングリターン弁など。 　これら以外にも種々の機能を名称としたバルブ（開閉弁、切替弁など）がある。
操作方法	手動（ハンドル式・レバー式・ギヤ式・延長軸操作など） 自動（電気駆動・空気圧駆動・油圧駆動など）
圧　力	真空・低圧・中圧・高圧など。 （圧力-温度基準での呼び方もある）"高温・高圧弁"
温　度	極低温・低温・常温・高温・超高温など。
本体材料	青銅弁・黄銅弁・鋳鉄弁・ダクタイル弁・鋳鋼弁・ステンレス弁など。

3-4 ● バルブの大きさ

　配管（管）の大きさ（呼び径）については、「絵とき 配管技術 基礎のきそ」で説明されていますが、バルブは原則配管材料として管や継手に接続するものですので、大きさの呼びはバルブと同じコンポーネントである管や継手と同様の取り扱いです。

（1） 呼び径
　バルブの大きさを表す用語を「呼び径」といいます。JIS B 2001-1987 に規定されており、6A（1/8B）～ 2600A が範囲（ただし、フランジ形は10A～）とされています。市場や用途（水道施設用）によっては管の呼び径も若干異なるため、バルブも管と同様に呼び径も若干異なる場合があります。実際にある分野の規格や市場には存在しない呼び径もあります（表3-3参照）。

　配管（管が基準）には大きさ（太さ）があり、「大きさの呼び」といっていますが、バルブでは「呼び径」と称しています。配管設計においては流量（どのくらいの量を送るか？）や水頭（どのくらいの高さ位置まで送るか？）を基準にポンプの能力（圧力）や配管抵抗（圧損）などを計算して呼び径を決定しています。

　管の大きさの呼びは、経済性を考慮して表3-3に示すように"段階的"に設定されて販売されており、配管部品であるバルブも原則、管の呼びに合わせた大きさを段階的に設定しています。ただし、適用する業界により呼び方や段階区分は管と同様に微妙に異なる場合があります。管はもともと米英からの輸入品であるため、インチ系でしたが、現在では呼びはインチ（B呼び）とメートル法のミリメートル〔mm〕（A呼び）とが並行して用いられています。業界では慣用的に、ねじ込み形接続ではB呼びを、フランジ形接続ではA呼びを多く用いています。

　表3-3に業界で用いている管材の大きさの呼び方を示します。

管材業界では、インチ系の呼びで表3-3に示すように、分数をすべてX/8に置き換えて呼ぶ慣用語があり、たとえば3/4⇒6/8＝「ロクブ」と呼びます。中には1インチと1/4⇒1¼＝「インチコー（ター）」、2＝「フタインチ」などという和製英語？などもあり驚きます。

「ろくぶ」を3コよろしく！

豆知識 管は外径基準、ゴルフのカップは 4 ¼ インチ？

ゴルフをやられるお父さん、もう少しカップが大きかったらとお嘆きの方多いですよね！「ホールカップの大きさ」をご存知ですか？

このカップは直径（内径）108 mm＝約4インチ、深さ100 mmと規定されています。イギリスで生まれた「ゴルフ」は、羊飼いが手近にあった「4インチの土管」を利用してウサギの巣穴に「カップ」を作ったといわれています。一説には当時土管には「4 ¼」というサイズがあったとか？

このため、現在のゴルフホール（カップ）の内径は、この時の土管（配管）のサイズが基準となって今日にいたっています。このカップには1升瓶が入るといわれているので、意外と大きいですよね！ボール径で2個半あるそうです。

「もう少しカップの径が大きかったら　」とお嘆きのゴルファーも多いと思いますが、入った・入らないで一喜一憂する今日の微妙な寸法に良くぞなったものと感心しますね。

表 3-3　配管材の大きさの対照と呼び方（管材業界慣用語）[1]

A 呼び	6	8	10	13*	15	20
B 呼び	$\frac{1}{8}$	$\frac{1}{4}$	$\frac{3}{8}$	$\frac{1}{2}$	$\frac{1}{2}$	$\frac{3}{4}$
（業界呼び）	イチブ	ニブ	サンブ		ヨンブ	ロクブ

A 呼び	25	30*	32	40	50	65
B 呼び	1	$1\frac{1}{4}$	$1\frac{1}{4}$	$1\frac{1}{2}$	2	$2\frac{1}{2}$
（業界呼び）	インチ	インチニブ	インチニブ	インチヨンブ	フタインチ	ニイハン

A 呼び	75*	80	100	125	150	200	250
B 呼び	3	3	4	5	6	8	10

＊印：水道関係　300 以上省略

インチコー（ター）　インチハン

（2）口　径

　管や継手にないものでバルブのみ特有に存在するものに「口径（ボア径）」があります。これは「呼び径」がバルブ接続端の弁箱口径（＝管や継手と同じ）を表していることに対して、口径は、弁座（または弁箱）の有効実内径寸法を表しています。呼び径と口径は、JIS 規格では、JIS B 2001-1987 に規定されています。

　ボール弁でこの口径がバルブを接続する管の内径にほぼ等しいものを「フルボア（管とほぼ同径）」、約 1 サイズ小さい（絞られている）ものを「スタンダードボア（管から一段落ち）または約 1 ～さらに 2 サイズ小さいものを「レジュースド（縮径）ボア」、と呼んでいます（図 3-4 参照）。

　一般的用途にはフルボアを用いますが、アプリケーションによっては、経済性を考慮してスタンダードボアまたはレジュースドボアもよく用いられます。スタンダードボアは汎用弁での呼び方で、石油工業系用途では、約 1 サイズ小さいスタンダードボアをレジュースドボアと呼んでいるなど、用途分野で呼び方も異なります。仕切弁では、レジュースドボアはまれに現出しますが「ベンチュリーポート」との呼び方もあります。

　これら 3 種類のボアの説明は、電磁弁や電動弁などの自動操作弁を含

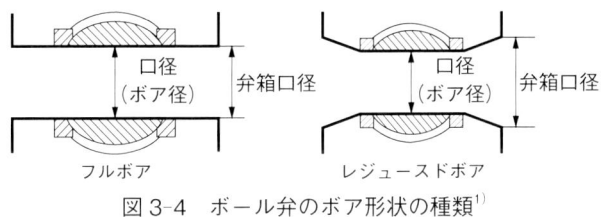

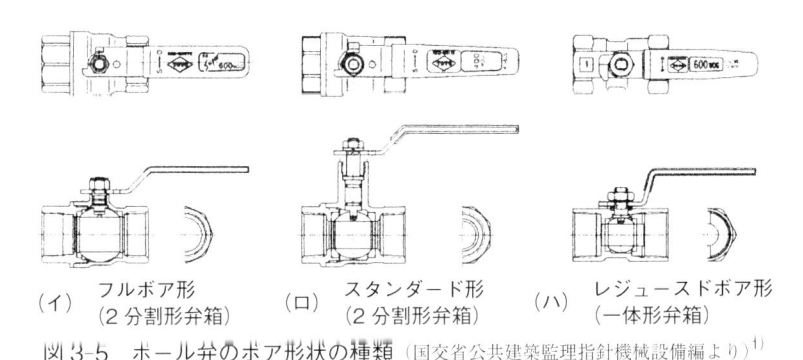

図3-4　ボール弁のボア形状の種類[1]

む"止め弁（on-off弁）"や逆止め弁についてであり、流量調整・調節（流量を絞ること）を目的としている減圧弁や調節弁などのバルブは、大きな圧力損失を加えることを役目としているため、当然のことながら口径はすでに絞れていることが通常です。ボール弁におけるボアの基本的な選び方は、**図3-5**および**表3-4**のようになります。

一般的な意味でのバルブの「大きさ」というと、容量すなわち「容積（縦×横×高さ）」と「重量（質量）」ということですが、バルブ名称と呼び径、クラスとでおおよその容積と重量は推察できます。バルブの主要寸法は、一般的に**図3-6**に示すように面間（L）×ハンドル径（D_1）×高さ（H）の三元で表すことが多くあります。なお、高さは一般的な物品では最下部から最上部までの全丈寸法をいいますが、バルブなどの配管材料は"管の中心部"から最上部（ハンドルやアクチュエータなど）の寸法（図3-6のHまたはH_1）を示します。これは、配管設計・施工がすべて"管中心"を基準とし、ここからの寸法を示しているからです。

（イ）フルボア形（2分割形弁箱）　（ロ）スタンダード形（2分割形弁箱）　（ハ）レジュースドボア形（一体形弁箱）

図3-5　ボール弁のボア形状の種類（国交省公共建築監理指針機械設備編より）[1]

第3章●バルブの基礎知識

41

表 3-4　ボール弁の口径の種類

口径（ボア）の種類	適　用　例
フルボア（管とほぼ同径）	バルブの圧力損失を嫌うところ （無圧排水ライン、配管の元部ラインなど）
スタンダードボア（呼び径より1サイズ絞られている）	十分圧力差を有していてバルブの圧力損失が問題ないところ （一般的な圧力配管や配管末端の切り出し部） 一般に圧力損失が少ない構造のボール弁は、スタンダードボアでもフルボアの仕切弁に圧損が匹敵すると考えられているので、この呼び方が付与された。
レジュースドボア（呼び径より1サイズまたは2サイズ絞られている）	バルブの圧力損失がほとんど問題にならないところ（圧力計の元弁など圧力が導通すれば利用できるところなど）

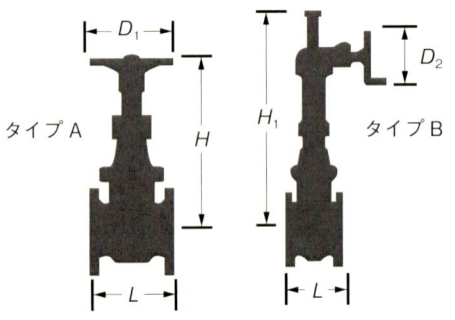

図 3-6　一般的なバルブの寸法（大きさ）

　また、開閉操作時にハンドルが上昇して位置が変位する構造のバルブ（図3-6のタイプA）の H 寸法は一般に「全開時（最大高さ）」を表します。バルブには全閉・全開動作に応じてハンドル位置が上昇する「弁棒上昇式」構造のものがあるため、"全開時"の作動最高高さ位置を示すことが配管設計上必要になります。

3-5 ● 管との接続

　前章でバルブは配管コンポーネント（機械要素部品）であることを説明しました。管と管を繋ぐ部材を「管継手（つぎて）」と呼びますが、バルブの接続端（管との接続方式）も基本的にはこの管継手と同一です。しいて違いをあげれば、「ウェハー形」と呼ばれるフランジの間にバルブを挟んで接続するというフランジ形の変形であるバルブの接続方式は、流体を止めるという機能をもたない管継手には存在しない方式です。

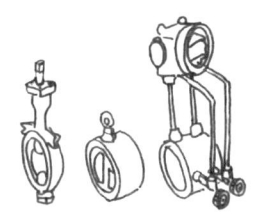

ウェハー形のバルブ群と
流量計

　なお、ビルや橋梁などの一般構造物（内部圧力がかからず荷重のみ加わる）にも管状柱をフランジで接続する方法があり、特に"配管用フランジ"を建設・土木用と区別する必要がある場合は、「管フランジ」と呼んでいます。

　管とバルブ両者を確実に接続し、その接続部からの漏れを防ぐための方法は、いろいろな方法が考案されていて一般的には複数の方法（選択肢）があります。その選定は、使用条件に合致することはもとより、それぞれ安全性、経済性、軽量化、省力化、メンテナンス性なども考慮した"最適な方法"を選択する必要があります。したがって、管との接続部の接続形式・形状、接続端（「端部」とも呼ぶ）は、バルブにとって重要な部分です。バルブを分類する1つの切り口として、JIS規格バルブ名称のように「接続端」で製品を区分する場合もあります。

　バルブ（管継手）の接続方式は、近年、管および管継手の多様化にと

第3章 ● バルブの基礎知識

43

もない、同様に多様化が進んでおり、いろいろな形状・構造・材料のものも登場しています。表3-5に管と管（または管とバルブ）との接続形式の主要な種類を示します。

表3-5　管と管との接続形式の種類[1]

形式名称	説　　　明
ねじ込み形	端部に管用ねじをもつ。
ユニオン形	端部がユニオン（ねじ結合）である。
フランジ形	端部がフランジ（鍔）である。
突合せ溶接形	端部が突合せ溶接端で管と突合せ溶接接合される（鋼製管用途）。
差込み溶接形	端部が差込み溶接端で管と差込み溶接接合される（鋼製管用途）。
ソルダー形	端部がソルダー形端（ろう付け）で、はんだで管と接合される（銅管用途）。
くい込み式	管継手の一部品が管に食い込んで抜け止め・シールする。
その他	メカニカル、接着・融着（樹脂管用途）　など。

　これらの中で圧倒的に適用例が多い形式は、ねじ込み形とフランジ形です。どちらの方式も部品数が少なく、漏れても"すっぽ抜ける"リスクが低くかつ漏れても増し締めが可能なため、装置工業用・建築設備用配管に限らず、古くから管の接続方式の「デファクトスタンダード」として用いられてきました。

　図3-7に管用ねじ込み形の例（バルブ側：めすねじ）を示します。

　図3-8に管フランジ形の接続例を示します。

　鋼管を用いた建築設備などの一般的な配管（管および管継手）では、呼び径80A以下が「ねじ込み形」、呼び径100A以上が「フランジ形」として用いられています。バルブについては、継手と若干適用が異なり、呼び径50A以下が「ねじ込み形」、呼び径65A以上が「フランジ形」として多く用いられています。ただし、調整弁や調節弁のような自動弁は、交換・メンテナンスの可能性をともなう必要性から、基本的に取り外す

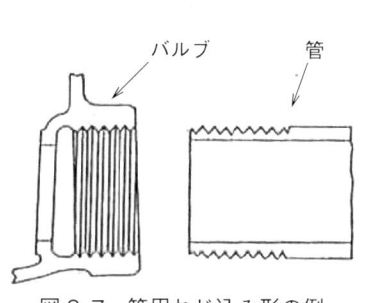

図3-7 管用ねじ込み形の例
（バルブ側：めす）

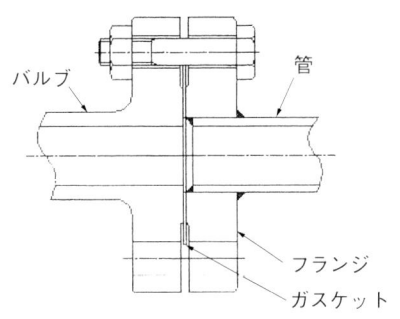

図3-8 管とバルブとのフランジ形接続（左側：バルブ、右側：管と溶接管フランジ）[1]

ことがない管継手と異なり、呼び径50A以下の小口径であっても「フランジ形」としてメンテナンスの利便性を高める場合が少なくありません。

（1） ねじ込み形バルブ（threaded end valve または screwed end valve）

「ねじ込み形」はバルブの接続両端面に直接管用ねじ（pipe thread）を設けて管と接続する形式で、比較的低圧用途で青・黄銅製バルブ、鉄鋼製バルブ、樹脂製バルブの呼び径6A（1/8B）〜50A（2B）の小形弁（小口径のバルブ）に適用されています。ただし、管継手には〜100A（4B）位まで利用されています。

バルブは管（おねじ）との直接接続が圧倒的に多いため、ほとんどのねじ形状が両端「テーパめねじ」ですが、特定の用途には両側「おねじ」や片側「おねじ」もあります。**図3-9**に両端「テーパめねじ」、片側「おねじ」のバルブを示します。

ねじ接続には管継手のユニオン形に相当する「平行管用ねじ」を用いたものも利用されていて、狭い場所でバルブを回転せずに配管作業ができたり、バルブの着脱が容易にできたりして便利です。ユニオン形は、一般にガスケットを用います。**図3-10**に両端「ユニオン式ねじ（平行ねじ）」のバルブの構造例を示します。

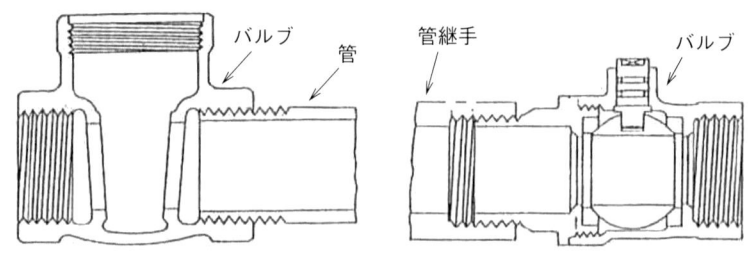

図3-9　両端「テーパめねじ」、片側「おねじ」のバルブの構造例

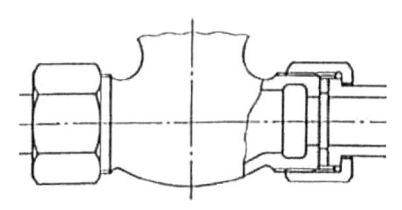

図3-10　両端「ユニオン式ねじ（平行ねじ）」のバルブの構造例

　国内で利用される管用ねじは、JIS規格（ISOに合致）で寸法や精度が規定されています。用途によっては、米国ASME規格のねじが利用されています。異なる規格のねじ同士は、組み合わせて利用することはできませんので注意してください。

　ねじは原則機械切削加工で製造されますが、最近では"転造"による管のねじ加工方法が考案され、転造ボルトと同様に実用化されています。

　管用ねじの規格の種類を**表3-6**に示します。

　基本的に管用ねじそのものには、圧力レーティング（制限）は、存在しませんが、管や継手、バルブなどの製品規格により制限されています。

〔管端防食コア〕

　樹脂ライニング鋼管（管の内面が樹脂で被覆され水でさびないハイブリッド二層鋼管）をねじ込み形バルブにねじ接続すると、管端（むき出しの鉄面）が流体水に晒されるため、この部分にさびが集中して発生しやすいのです（**図3-12**参照）。この管端部を保護・防錆するため、土と

表 3-6　管用ねじの規格の種類[2]

規格	記号	ねじの種類	ねじ山の角度	備考
JIS B 0203：1999 ISO 7-1	R	テーパおねじ	55度	Rc群とNPT群の違いは、ねじ山の角度と1インチ当たりの山数（ピッチ）である。ただし、呼び径1/2B、3/4Bのみ山数は同じである。ねじ山の角度が異なっても、一見はめあうことが可能であるが、シールはできないので注意を要する。
	Rc	テーパめねじ		
JIS B 0202：1999 ISO 228-1	G	平行めねじ		
ASME B 1.20.1（米国）	NPT	テーパおねじ	60度	
		テーパめねじ		
	NPS	平行おねじ		
		平行めねじ		

豆知識
いいことずくめの鋼管の転造ねじ加工

　鋼管の転造成形では、管の肉厚の減少がほとんどないため、ねじ部の強度が高いので、耐震性を有しています。また肉厚が厚く残るので腐食による減肉にも強さを発揮すると同時に、管外面の亜鉛めっきが残存して防食機能を発揮します。注意点としては、内面樹脂ライニング鋼管の場合は、図 3-11（b）のようにわずかに内径が縮径するので、管端防食コア仕様では、利用可否の検討確認をしなければならないことです。

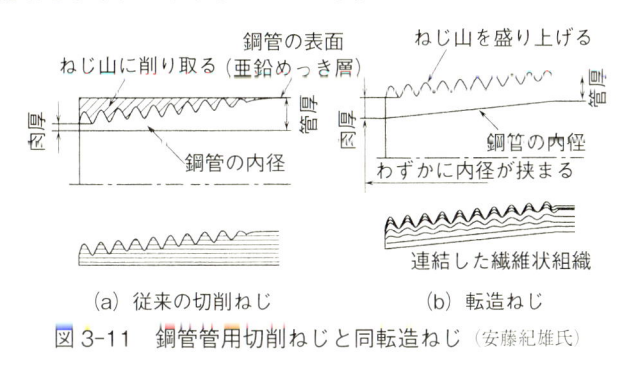

(a) 従来の切削ねじ　　　　(b) 転造ねじ
図 3-11　鋼管管用切削ねじと同転造ねじ （安藤紀雄氏）

第3章●バルブの基礎知識

47

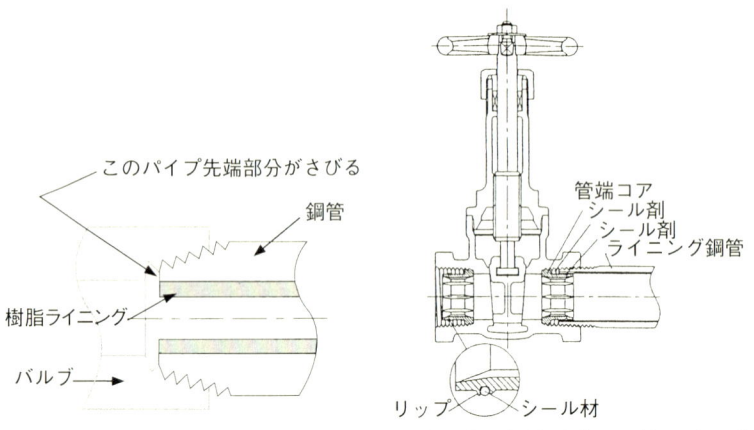

図 3-12 左：管端防食コアがない場合の構成、右：管端防食コア付きバルブの構成例[1)]

して樹脂製の種々の管端コア、または管端コア付（anti-corrosive cores）接続端バルブ（（一社）日本バルブ工業会規格 JV 5:2008 に規定）の例を図 3-12 に示します。

（2） フランジ形バルブ（flanged end valve）

　構造は極めて単純で配管施工がやりやすく、長期の使用実績に裏付けられ信頼性を有しています。すなわち、接続する部分を"つば状"にして、つばとつばを合わせボルト・ナットで接合する方式のもので低圧から高圧まで最も一般的に広範囲に使用されています。また、バルブの面間寸法も規格で規定されているものが多く、同一タイプで同一クラスのバルブの入れ換え（互換性）、メンテナンスなどの取り外し、取替えが可能です。このため、特に交換やメンテナンスを要する装置工業系用途や自動弁は、小口径弁を含めフランジ形接続を採用しています。

　将来のライン延長を考慮した「バルブ止め」も可能です。短所は、ねじ込み形と比較してフランジ、ボルト、ナットおよびガスケットなどの部品が必要で、質量が重く管径に比べてフランジ外径寸法が大きく外にかさ張ること、ねじ込み形に比べると経済性に劣ることなどです。

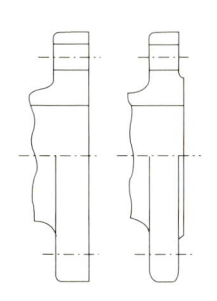

図 3-13
管用フランジ形の例
（左：全面座、右：大平面座）

図 3-13 にフランジ形の構造例を、図 3-14 に管用フランジ形ガスケット座面形状の例をそれぞれ示します。

高温・高圧用途の配管フランジには、図 3-14 右に示す特殊なガスケットを利用する構成もあります。

フランジ形の規格は、国内でも用途に応じて複数の規格が適用されます。代表的な管フランジの規格を表 3-7 に示します。また、海外では米国を始め各国に規格が存在しています。

日本のフランジ形の規格ももともとは外国からの輸入品をベースに規定されたものと推測されますが、外国規格のものとは微妙に寸法は異なっています。したがって、規格が異なるフランジ同士は接続できません。

なお、フランジはねじと異なり"圧力（レーティング）"により寸法は異

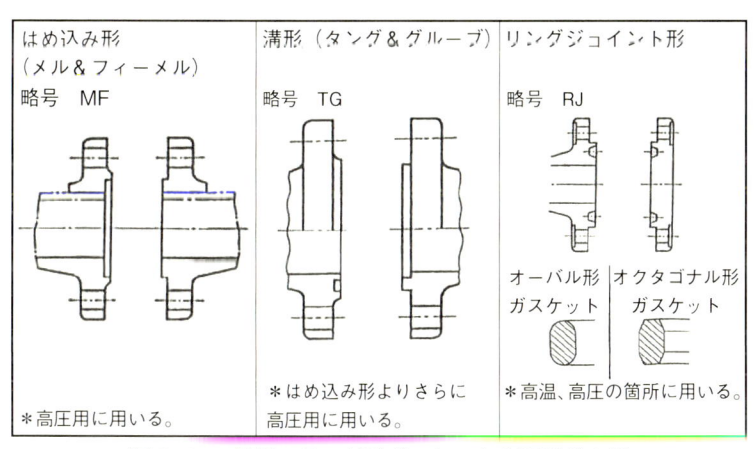

はめ込み形（メル＆フィーメル）略号 MF	溝形（タング＆グルーブ）略号 TG	リングジョイント形 略号 RJ
＊高圧用に用いる。	＊はめ込み形よりさらに高圧用に用いる。	オーバル形ガスケット ／ オクタゴナル形ガスケット　＊高温、高圧の箇所に用いる。

図 3-14 管用フランジ形ガスケット座面形状の例

第 3 章 ● バルブの基礎知識

表 3-7 管フランジの規格[1]

規格番号	規格名	概　要
JIS B 2220：2004	鋼製管フランジ	呼び圧力5K～30Kの寸法接合面を含む形状・レーティング・使用材料の規格呼び径は 10 A～1500 A
JIS B 2239：2004	鋳鉄製管フランジ	
JIS B 2240：2006	銅合金製管フランジ	
JIS B 2062：1994	水道用仕切弁	呼び圧力7.5Kフランジ寸法・接合面を含む形状の規格呼び径は 50 A～1500 A、ダクタイル鋳鉄異形管は 75 A～2600 A
JIS G 5527：1998	ダクタイル鋳鉄異形管	
AWWA B120	水道用ソフトシート仕切弁	呼び圧力7.5K、10K、16Kフランジ、呼び圧力は、50 A～500 A
JPI-75-15：2005	石油工業用管フランジ	クラス 150、300、600、900、1500、2500（LB）、フランジ、呼び径は 15～600 A（米国 ASME B 16.5 に対応）
JIS F 7804：2000	船用5K銅合金管フランジ	船の配管に使用する銅合金管を接合する呼び圧力5K銅合金製管フランジについて規定する。

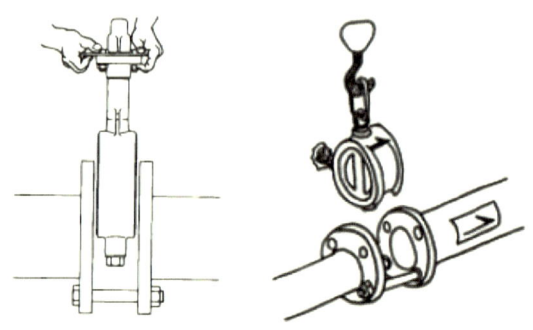

図 3-15 ウェハー形バタフライ弁、逆止め弁の設置方法例

なりますから異なるレーティング間でも接続できません。

〔「ウェハー形」接続〕

先に説明したフランジ形の変形で、バルブやセンサなどの機器だけに存在します。バルブが軽量・コンパクト・安価に製造できるため広く利用されています。一般的には、**図3-15**のようにフランジを対向させて下部にボルトをセットした後、上方から挿入します。

豆知識

薄肉ステンレス管ルーズフランジ配管
（管端つば出し工法）による接続例

鋼管と鋼製管フランジは、図3-8（の右側）に示すように、通常・溶接によって接合します。薄肉ステンレス管を用いたフランジ形接続では、**図3-16**に示す「ルーズフランジ配管（管端つば出し工法）」が建築設備を主体に多く用いられるようになってきました。この方法では、ステンレス管端を直接つば出し加工して平面座をフランジと別体に構成するので、フランジ部が接液せず、（ルーズ）フランジの材料を一般鋼材とすることができ経済性が高いのです。ただし、バルブにはこの接続工法を用いることはありません。

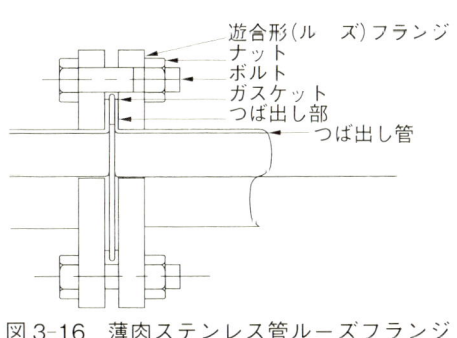

図3-16　薄肉ステンレス管ルーズフランジ配管（管端つば出し工法）による接続例[1]

3-6 ● 使用条件
　　（流体の圧力と温度、周囲環境）

　バルブの"使用条件"というと、流体とその性状・最高使用圧力または設計圧力・流体温度範囲の3つがその主要な要素となります。

　流体の性状とは、腐食性の有無、粘度、圧縮性（気体）か非圧縮性（液体）か、危険度(爆発性・可燃性)などです。

　また、流体の使用圧力と温度範囲（一般に最高使用温度）は、金属を主体とするバルブ材料の強度が高温になるほど低下する（「クリープ現象」などとも呼ばれている）ため、その低下に合わせて使用圧力を減少させる必要があるからです。このことからバルブやフランジ形管継手には、選定するための基準「圧力-温度基準（pressure-temperature ratings）」が存在するのです。

　「圧力-温度基準」は、市場用途やバルブの適用規格によって、独自の考え方が適用されており、すべてを記述するには煩雑であるため、ここではJIS規格の例を説明します。

　「材料グループ」により温度-圧力基準が異なるなど独特な石油工業用途については、第7章の専用用途弁で説明を加えることにします。

　表3-8にJIS B 2032：1995「ウェハー形ゴムシート中心形バタフライ弁」における温度-圧力基準例を示します。JIS青銅仕切弁は、図2-1を参照ください。

〔周囲環境〕

　配管内を流れる流体の条件に加えて、バルブには設置される環境の制限があります。管や管継手にはこの条件は腐食環境くらいですが、バルブには腐食や温度、湿度など諸条件が加わりますので、注意が必要です。たとえば、蒸気配管の上部は立ち上る配管温度の湯気で電気式・空気圧式アクチュエータが許容温度を超えた高温にさらされる場合があり、注意が必要です。

表 3-8　JIS B 2032「ゴムシート-中心形バタフライ弁」における温度-圧力基準例

呼び圧力	最高許容圧力〔MPa〕	使用温度範囲〔℃〕	ゴムシート材料
10K	0.98	0 ～ 70	アクリロニトリルブタジエンゴム（NBR） クロロプレンゴム（CR）
	0.69	0 ～ 90 120 以下	エチレンプロピレンゴム（EPDM）
16K	1.57	0 ～ 70	NBR、CR
	1.1	0 ～ 90 120 以下	EPDM

注1　真空仕様については、受渡し当事者間の協議による。
注2　上表で規定する以外のゴムシート材料および0℃未満の仕様については、受渡し当事者間の協議による。
注3　EPDMについては、下図の圧力-温度特性を参照。
注4　EPDMは、鉱物油、植物油などの油類に使用してはならない。

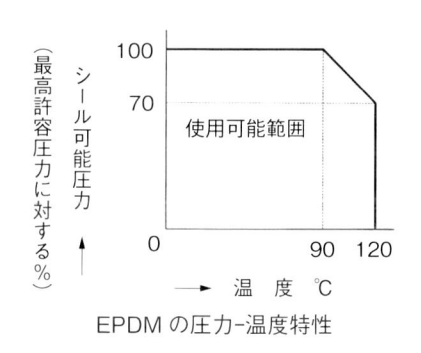

EPDM の圧力-温度特性

豆知識　圧力の表示

「呼び圧力」のみをバルブに表示する JIS 系に対し、米国の規格例では、図（b）に示すように「300 WOG」、「150 S」（常温の水・油・ガスは 300 lbs、蒸気は 150 lbs）としてバルブに流体による呼び圧力が鋳出し表示されることがあります。すなわち、使用温度により、使用できる最高使用圧力に制限を設けているのです。

この場合、前者を「セコンダリーレイティング」と、後者を「プライマリーレイティング（"クラス" 150)」と呼ぶ 2 つの基準が並行して示されています。「lbs」は、力の単位ですが、裏に圧力の単位（ポンド/平方インチ＝psi）が略されています。値 300 は約 2 MPa（JIS の 20 K）150 は約 1 MPa（JIS の 10 K）に相当します。

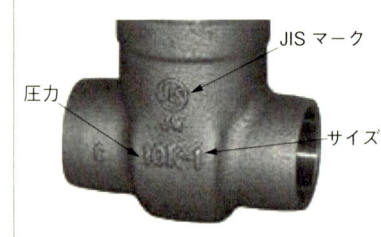

(a) JIS 規格弁（10 K）の鋳出し表示例

(b) メーカー標準バルブの鋳出し表示例（クラス 150）

3-7 ● バルブの材料
（本体・要部・補助材料）

（1）概　要

　バルブの材料は**図 3-17** に示すように、各種の金属や非金属材料が利用されています。「圧力容器」としてバルブを見ると弁箱（ボデー）およびふた（キャップまたはカバーとも呼ぶ）が「本体」として構成されている一方、バルブには弁座（シート）、弁体（ジスク）、弁棒（ステム）、ピン類、パッキン、ガスケットなど内部の接液部品（「要部・トリム」とも呼ぶ）も数多くあり、やはり種々の材料が利用されています。

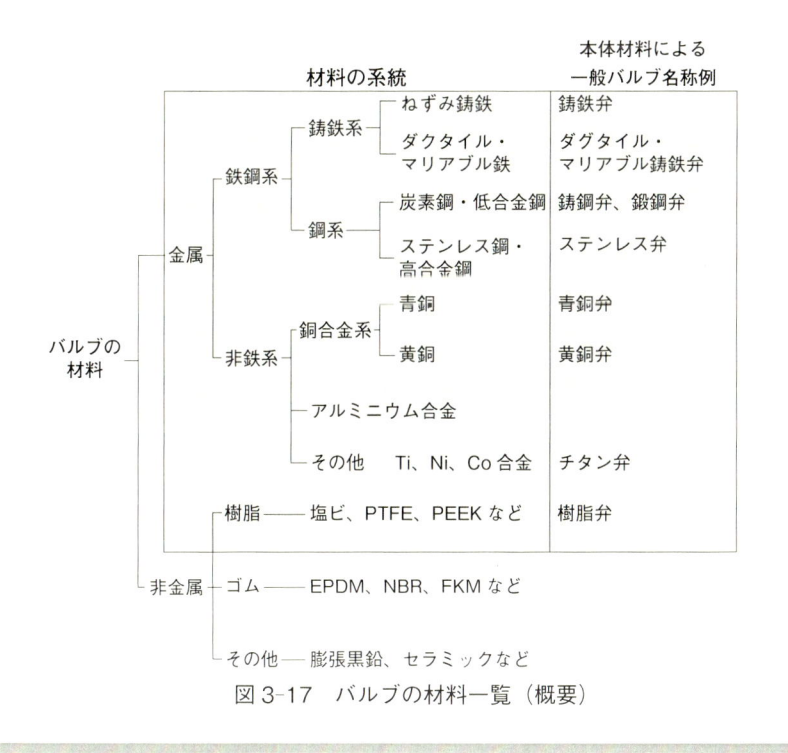

　図 3-18 に JIS 青銅ねじ込み形仕切弁の主な部品例を示します。

材料の系統			本体材料による一般バルブ名称例
金属	鉄鋼系	鋳鉄系 — ねずみ鋳鉄	鋳鉄弁
		ダクタイル・マリアブル鉄	ダグタイル・マリアブル鋳鉄弁
		鋼系 — 炭素鋼・低合金鋼	鋳鋼弁、鍛鋼弁
		ステンレス鋼・高合金鋼	ステンレス弁
	非鉄系	銅合金系 — 青銅	青銅弁
		黄銅	黄銅弁
		アルミニウム合金	
		その他　Ti、Ni、Co 合金	チタン弁
非金属	樹脂 — 塩ビ、PTFE、PEEK など		樹脂弁
	ゴム — EPDM、NBR、FKM など		
	その他 — 膨張黒鉛、セラミックなど		

図 3-17　バルブの材料一覧（概要）

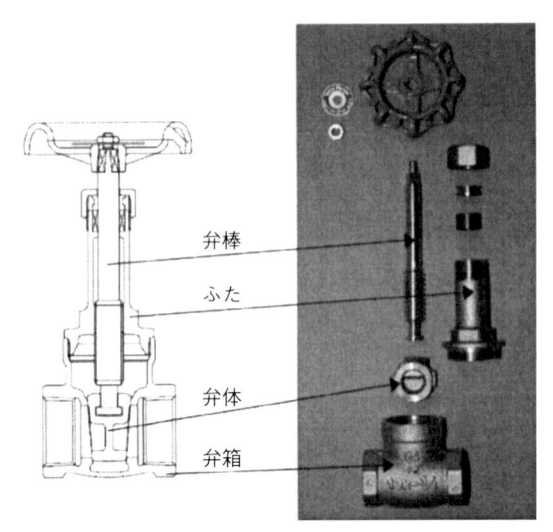

図3-18　JIS青銅ねじ込み形仕切弁の主な部品

　ビル設備や一般機械設備に多く利用される「汎用弁」に用いられる材料は、図3-17に示す金属材料を用いることがほとんどで、バルブ材料としての特徴は**表3-9**のとおりです。
　本体は一般的に「16K未満の低圧弁」は、青黄銅、鋳鉄、アルミニウム合金、ステンレス鋼が、「16Kを超える高圧弁」は、ダクタイル・可鍛鋳鉄、鋳鍛鋼、ステンレス鋼などの強靭で耐高温性に優れた金属材料が利用されます。表3-9に汎用弁本体材料の特徴・用途の概要を示します。
　汎用弁の代表と言うと、やはり青銅、黄銅、鋳鉄でしょうか。国内で最初に使われたバルブは黄銅製のコックと言われているとおり、青黄銅（銅合金）製のバルブは汎用弁の代表になっています。本来材料的な耐食性だけを見れば、中大口径（65A以上）サイズも青黄銅製で製作できれば良いのですが、製造コストや製造効率を考慮すると青黄銅製では経済性で引き合わないことになります。したがって、中大口径サイズの汎用弁では、本体はねずみ鋳鉄やダクタイル鋳鉄（強靭性を必要とする場合）を選びます。水などの流体でさびてはいけない仕様には、鋳鉄にナイロン

表 3-9 バルブの本体材料とその特徴・用途[2]

本体（ボデー）材料例	材料の特徴・用途
ねずみ鋳鉄鋳造品 （FC200）	数千年の歴史を持つ安価な材料で、低圧、常温用として使用する。 さびやすいため、水用にはナイロンライニングをほどこしたものを利用する。
球状黒鉛鋳鉄鋳造品 （FCD450-10） ダクタイル鉄鋳造品 （FCD-S） マリアブル鉄鋳造品 （FCMB-S35）	発明されて半世紀になるが、鋳鉄特有の作りやすさと、鋼に準じた靱性を併せもつため、年々利用量が増大している。建築設備では、高層ビルなどの「高圧」用途や蒸気などの「高温」用途に利用される。靱性に富む材料であることから「強靱」鋳鉄ともいわれている。
高温高圧用炭素鋼鋳造品 （SCPH2）	鋼は靱性があり、硬さ、引張り強さ、衝撃値に優れるため、石油・化学各種プラントの高温・高圧用に使用されている。建築設備では、DHC や燃料油などの可燃性流体にも利用される。
ステンレス鋼鋳造品 （SCS13A，SCS14A）	他のバルブ材料と比べ、高価な反面、耐食性・耐熱性・低温性および機械的性質に優れているため、建築設備から工業用まで利用量は増加している。
青銅 （CAC401，CAC406）	青銅は人類の歴史で最初に使用された鋳物であり、銅にスズ、亜鉛、鉛を添加した合金。 加工性、耐食性が良く、比較的低圧で小さなサイズに使用される。
鉛レス青銅 （CAC911）	青銅から「鉛」を廃し、別の無害な代替成分に置き換えた青銅鋳物材料。飲用水に用いる。
黄銅 （C3771）	黄銅は、一般に真鍮（しんちゅう）とも呼ばれ銅と亜鉛の合金。経済性の高い材料で、汎用・工業用のあまり重要でない配管に利用されている。水栓には、主材料として利用される。

　などの樹脂をライニングしたり、ステンレスを用いたりするなどの防錆対策を採ります。
　ここでは主として金属材料を列挙しましたが、ポリ塩化ビニルやその他のエンジニアリングプラスチックも水道、給水、燃料ガス、化学、農

水産業用途のバルブの本体材料として広く用いられています。

（2） 金属材料の規格
　国内では、**表3-10** にその記号を示すように JIS（日本工業規格）ではとんどの材料について規定されています。石油プラント関連の分野では、API/JPI/ASME などで米国 ASTM 規格の材料が指定されています。JIS と ASTM では「相当材料」が存在しますが、コンテンツは微妙に異なることがあるため、適用に当たっては注意する必要があります。

　表3-10 に JIS 規格に規定される代表的なバルブ材料の表記をあげます。材料記号の表し方は、表のとおり画一的ではありませんが、おおよそ①②③の構成となっています。

　〔例〕　ねずみ鋳鉄　FC200…　① Ferrum、② Casting、③最小引張強さ $200\,\mathrm{N/mm^2}$ で構成されています。

（3） 異種金属接触腐食
　鉄などを湿り気のある空気中に放置したときに酸化腐食することはよく知られています。バルブなど配管材料に用いる金属材料は、前記の鉄の単純な酸化と異なり金属の種類によってさびやすさ・さび難さを表す固有の「腐食電位」を有しています。水系流体（水溶液）配管に用いた場合、青銅やステンレスはさび難く、鉄系はさびやすい（イオン化しやすい）性質をもちます。**図3-19** に金属材料の腐食電位イメージを示します。

　水系配管におけるバルブ材料を選定する場合は、流体の性状（圧力、温度、腐食性など）や接続する配管の材料、期待耐用年数（経済性）、などを考慮して行われます。原則として、バルブ本体材料は、管・管継手と同等の耐食性を有する材料を選定します。しかし、バルブは可動部を有する機器・装置で重要度も高いという面もあるため、バルブという機器の機能を長期間安定して保持するべく管・管継手材料より同等以上のさびにくい（腐食電位で貴な）材料を適用することが一般的です。

表3-10 JIS材料規格の呼び方の例[2]

バルブ一般名称 (本体材料)	材料名	材料記号	材料記号の構成 ①	②	③
黄銅弁	黄銅	C3771BD			C3771BD
			黄銅	棒材	材料種類
青銅弁	青銅	CAC406	Copper Alloy	Casting	406
			青銅	鋳造	材料種類 (旧6種)
ねずみ鋳鉄弁	ねずみ鋳鉄	FC200	Ferrum	Casting	200
			鉄	鋳造	最小引張強さ 200 N/mm²
ダクタイル鋳鉄弁	球状黒鉛鋳鉄	FCD400 FCD450	Ferrum	Casting Ductile	400、450
			鉄	鋳造 ダクタイル	最小引張強さ 400、450 N/mm²
	ダクタイル鋳鉄	FCD-S	Ferrum	Casting Ductile	-S
			鉄	鋳造 ダクタイル	材料種類
マリアブル鋳鉄弁	黒心可鍛鋳鉄	FCMB360	Ferrum	Casting Malleable Black	360
			鉄	鋳造 マリアブル 黒心	最小引張強さ 360 N/mm²
	マリアブル鋳鉄	FCMB-S35	Ferrum	Casting Malleable Black	-S35
			鉄	鋳造 マリアブル 黒心	材料種類
鋼(板)製弁	一般構造用圧延鋼材	SS400	Steel	Structure	
			鋼	構造用	最小引張強さ 400 N/mm²
	機械構造用炭素鋼	S45C	Steel		45C
			鋼		炭素含有量 0.45%
鋳鋼弁	高温高圧用鋳鋼	SCPH2	Steel	Casting Pressure High temperature	2
			鋼	鋳造品 圧力 高温	材料種類
鍛鋼弁	圧力容器用炭素鋼鍛鋼	SFVC2A	Steel	Forging Vessel Carbon	2A
			鋼	鍛造品 容器用 炭素	材料種類
ステンレス鍛鋼弁	ステンレス鋼材	SUS304	Steel	Use Stainlss	304
			鋼	特殊用途 ステンレス	材料種類
ステンレス鋳鋼弁	ステンレス鋼鋳鋼	SCS13A	Steel	Casting Stainless	13A
			鋼	鋳造品 ステンレス	材料種類

〔例〕 鋼管に青銅バルブを適用するなど。

水を介在して異種金属接触腐食が発生すると、貴な金属である青銅

59

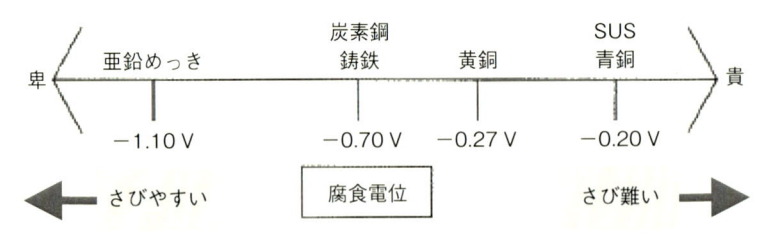

```
卑 ←――亜鉛めっき――炭素鋼 鋳鉄――黄銅――SUS 青銅――→ 貴
              -1.10 V    -0.70 V    -0.27 V    -0.20 V
     ←さびやすい       腐食電位         さび難い→
```

図3-19　金属材料の腐食電位イメージ例

（バルブ）に比べて卑な金属である銅（管）が電位差により腐食電池（いわゆる「ボルタの電池」で有名な話）を構成して、管先端部が腐食し配管の期待耐用年数に至らずにトラブルを生ずることがあります。

このことは、バルブそのものが腐食して配管としてのトラブルに至る話ではありませんが、配管全体の耐用年数バランスを考慮すれば、何らかの対策を講ずる必要があります。

例として、「バルブの接続」で説明した青銅弁に「管端防食コア」を設けてねじ込み形樹脂ライニング鋼管の管端部腐食対策を講じていることなどが挙げられます。

腐食電位は材料の組み合わせの他、使用率（配管内のバルブの専有面積）によっても変わります。たとえば、ステンレスまたは銅の配管ライン（管と管継手）に鉄系のバルブを設置しますと、配管上のバルブの面積は管系のそれに比べ著しく小さく、太平洋に浮かぶ小島のようになるので、きわめて短期間でバルブにさびが集中発生するトラブルに至る事例が建築設備では多く報告されています。

異種金属接触腐食を防止する方法は、一般的には、電気的に異種金属間の「絶縁」処置を行う（絶縁継手の採用）ことがあげられ、国土交通省標準仕様書・監理指針などに絶縁継手が具体的に示されています。

（4）　黄銅材料の使用制限

黄銅は、一般的にCu 60％＋Zn 40％の銅合金で材料価格も青銅に比べて安価で強度も高く、鋳造のほか多くは棒状の伸銅材をそのまま機械加

工して弁箱や弁棒として利用したり、熱間鍛造を加えて弁箱やふたの素材を製作したりします。

　鍛造製法では、鋳造に比べてはるかに欠陥も少なく、薄い肉厚で製造でき、歩留まり（良品の確率）もよいのです。このため、青銅弁などに比べて黄銅は安価に製造できるので、代表的なねじ込み形の汎用弁（ボール弁、仕切弁）として汎用流体用途に大量に利用されています。

　しかし、黄銅弁は、材料の性質上青銅弁に比べて以下の欠点を有しますので、選定に注意する必要があります。

① 部品材料の組み合わせや腐食性の環境下では、合金層から亜鉛だけが流出してしまう「脱亜鉛」現象（いわゆる人体でいう「骨粗鬆症」に似ています）を生じて部品の強度が不足することがあります。このため、特に青銅弁においては、弁棒などには「対脱亜鉛対策黄銅棒」などを適用していることを確認する必要があります（図3-20参照）。

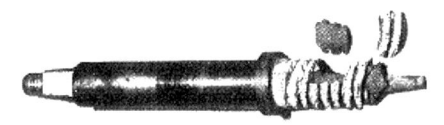

図3-20　脱亜鉛腐食を生じて脆性破壊した黄銅製弁棒
　　　　（青銅バルブに使用）

② アンモニアその他腐食環境下では、管用めねじなど応力が掛かっている部分に「応力腐食割れ」現象を生じて漏れなどを生ずることがあります。建築設備配管などで断熱材を使用した保温・保冷施工フインや埋設に準じた場所では、黄銅弁は使用せず青銅弁とする必要があります。

3-8 ● バルブの操作（手動・自動）

　バルブの操作は、基本的に"手動"と"自動"とがあります。詳細は第4章の各バルブの構造で説明しますが、大きく分けてハンドル多回転形（仕切弁、玉形弁などに使用、マルチターン形、またはリニア形とも呼ぶ）と90°回転形（ボール弁、バタフライ弁などに使用、クォーターターン形またはロータリー形とも呼ぶ）の2つに区分されます。

　直接バルブの弁棒を回して操作する方式では、ハンドル（JIS用語では、"ハンドル車"と言います）またはレバーを利用します（**図**3-21参照）。

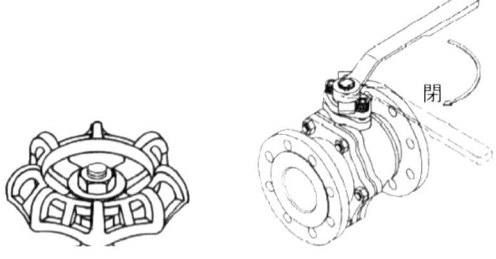

図 3-21　バルブのハンドルおよびレバー

　バルブは、中大口径（大形）になると、操作トルクが増大して人力では何らかの"倍力装置"が必要になるため、ギヤ操作機などを搭載します。90°回転形のバルブでは、"遅速装置"としての位置づけでもギヤ操作機などを搭載します。

　ハンドルやギヤ操作機（これにもハンドルがある）は、バルブを操作するに"適正なトルク"を得るようなハンドル径に設計されていますから、力の加えすぎは厳禁です。

　バルブの自動操作については、第5章の「自動弁」で説明します。

俺腕力あるよ！

豆知識
バルブの意匠デザイン

　バルブは基本的に"工業製品"ですので、機能主体で意匠デザインはいたってシンプルです（もちろん、機能美は有しています）。ただし、メーカーの差別化・特長を具現化するため、ハンドルデザインには"意匠"として注力する傾向が見られます。特色ある形状だけでなく、ハンドルにいろいろな色彩が付けられるのもこのためです。この点、同じ機械要素部品であるボールベアリングやボルト・ナット、管継手などと大きく異なるところです。

　なお、水栓については需要者が直接手にして利用する"民生品"として、商品の意匠デザインが"売れ行き"を左右しますから最近ではスタイルに特色のある製品が多く販売されるようになってきました。

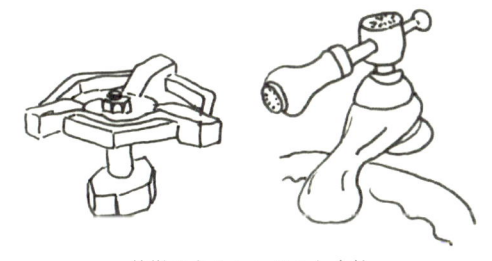

特徴のあるハンドルと水栓

3-9 ● バルブに関係する法規と規格

（1） バルブの法規

　バルブを含む配管部材は設備配管を構成する重要な部品で、場合によっては「人命」に影響する機器でもあります。このため、その品質確保は極めて重要な課題です。

　特に建築設備配管においては、消防法・水道法が重要な法規と位置付けられており、またプラントや工業用途では、高圧ガス保安法、消防法（危険物貯留、コンビナート防災など）、労働安全衛生法などが重要な法規と位置付けられていて、コンプライアンス違反の罰則規定も制定されています。

　図 3-22 にバルブに関係する国内および外国の法規（指令）例を示します。

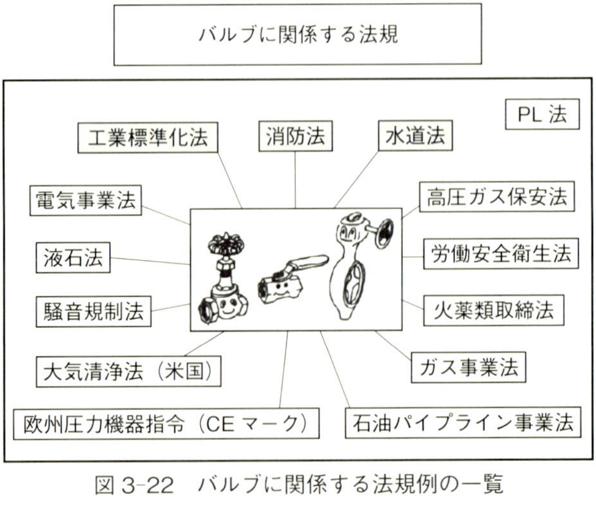

図 3-22　バルブに関係する法規例の一覧

（2） 公的許認可（認証制度）

「許認可」とは、日本の法令によって定められた制度上の許可・認可をいいます。バルブに関する代表的な許認可は、次項の規格で示しますJIS規格品目の「JISマーク表示許可」制度です。これはJISに製品規格を有する品目の内、制度で指定されるものに審査を経て製品にJISマーク表示を許可するものです。

従来この許可制度は、製造工場を認可するものでしたが、現在では制度が改正され製品そのものを認可することになっています。

基本的なバルブ（JIS陸用B部門）では、青銅弁、ねずみ鋳鉄弁などがその対象となっていて、通称「JIS弁」と呼ばれるものは、製品にこの認証品（マークが付与されているもの）に限られます。「ゴムシート中心型バタフライ弁」はJISに製品規格があるものの、制度上JISマーク表示許可対象品ではないため、JISマークは付けられずJIS規格弁とは呼ばず、「JIS適合品」などと称しています。

図3-23にJIS表示許可マーク（証票）および表示例を示します。

この他、汎用弁では消防法や水道法などにいろいろな認証品が指定されています。図3-24に消防認証マークを、図3-25に水道認証マークおよび表示例を、図3-26に燃焼ガス器具認証マークおよび表示例を、それぞれ示します。

JIS表示バルブ（国家規格品）が重要とされる理由は、前述の消防法および水道法では、JISマーク表示バルブはほぼ無条件で利用することができるとされていることにあります。これは、原則消防および水道設備で用いるJISマーク表示バルブ以外のバルブ（JV・JWWAなどの団

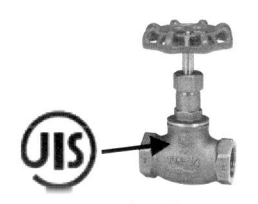

図3-23　JIS表示許可マーク　　図3-24　消防認証マーク

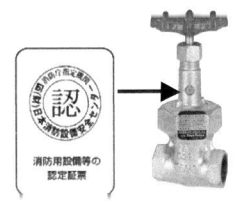

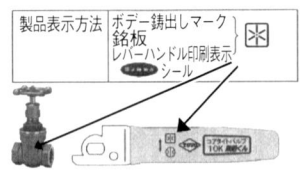

図 3-25　水道認証マーク　　　図 3-26　燃焼ガス器具認証マーク

体規格品を含む）について専用の認証制度を定めていることにあります。

この他、身近な利用では燃料ガス用バルブ・栓に液化ガス法（液化石油ガス器具に対する規制）による「適合性検査合格品（認証品）」が規定されています（図 3-26）。

認証品で確認よ～し！！

（3）　バルブの規格
①　概　要

規格とは、機械や製品の規定された一定の「標準」をいいます。

バルブは配管のコンポーネンツである性格上、「互換性」を特に担保することが重要です。すなわち、製造年やメーカーを超越して互換性を有することがユーザーの利便性を守ることになるからです。かつ多様な利用を用途別にある程度統一して標準化することにより、需要者の選定をサポートするとともに量産効果による経済性にも寄与することになります。

したがって、バルブについては管や管継手と同様に「機械要素部品」としてJIS（日本工業規格）などの規格・基準に詳細に規定されているものが多く存在しています。もちろん「経済性」をより優先させた非規格品「メーカー標準仕様品」も市場では多く販売されており、選択の自由度が考慮されている反面、両者の使い分けで混乱も予想されます。

石油・化学工業など重要度の高いプラント設備に利用するバルブは、石油学会（JPI・API）規格により、高圧ガス保安法、ガス事業法などの

法規に則り細部にわたり規定された仕様で製作されています。

建築設備配管に利用されるバルブについては、石油・化学工業、原子力・発電用途ほど厳格ではありませんが、消防法、水道法、ビル設備衛生管理法（通称）、国土交通省標準仕様書など各種の法規や国家の購入仕様書にバルブの規格が"引用"もしくは"明記"されていて、規格を避けてはバルブの選定が立ち行かないほどがんじがらめになっているといっても過言ではありません。

② JIS 規格

日本国内の最高位規格として、「日本工業規格 JIS」（ただし、汎用の建築・機械設備用バルブは「B部門（機械部門）の番号」で規定、船用は「F部門（船舶部門）」、鉄道用は「E部門（鉄道部門）」）があります。

B部門では、本体材料：青銅・鋳鉄・鋳鋼製の各種止め弁（玉形・仕切）、逆止め弁（スイング式）およびゴムシート中心形バタフライ弁が規定されています。ボール弁とストレーナについては、JIS（B）には規定がありません。調節弁も国際規格のIEC規格を基にしたJIS規格に規定されています。

図 3-27 に国内で適用されている主な規格を示します。

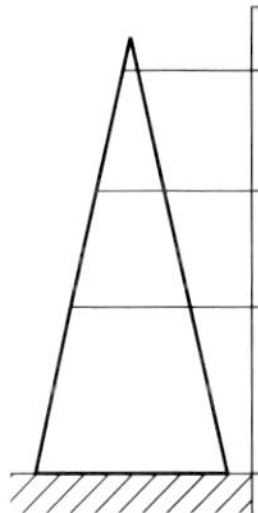

標準化の水準

国際規格	国際的な規格 ISO、IEC
連合体規格	CEN（非電気分野）とCENELEC（電気分野）との共同体制で制定・運用されている欧州統一規格でEN規格として発行されている。
国家規格	国家または国内基準として認められた団体で制定。全国的に適用。JIS、ANSI、DS、DIN など
団体規格	事業者団体、学会等が制定、原則その団体の構成員の内部で適用。JV、JPI、JWWA、SAS、ASME、ASTM、API、MSS。国家規格を補填する役目もある。
社内規格	1つの企業の内部で、企業活動を効果的、円滑に遂行するための手段として標準化したもの（デベロッパー、設計事務所など）。

図 3-27　国内の主なバルブに関する規格・基準

JIS は規格であって法規ではないため、この適用のよりどころになっている法規を「工業標準化法」といいます。この法律には「JISマーク表示許可」制度があることは、前項の法規で説明しました。バルブの規格には寸法、材料、圧力-温度基準などに加えて試験検査や表示など、バルブの取引に必要なあらゆる情報が含まれ"標準化"されているため、ユーザーは規格の番号を指定する（またはカタログなどの資料で確認する）だけで、一定の機能・仕様・品質のバルブを選定し利用することができるため便利です。

③ JV 規格

　国家規格である JIS の下に各種の国内団体規格が存在し、JIS で規定されていないバルブを補完しています。その1つに JV（(一社)日本バルブ工業会 JVMA）規格があります。

　青銅製ねじ込み形弁の「給水用管端防食ねじ込み形弁（JV5）」、「一般配管用ステンレス鋼弁（一般弁やY形ストレーナを含む）（JV8）」や「マリアブル・ダクタイル鉄弁（JV4）」、「工業用偏心形バタフライ弁（JV9）」などが規定されています。また、「プラント向けユーザーガイド（JV3）」なども規定されており、ユーザーの利便性を図っています。

　なお「建築設備向けユーザーガイド（JV 非規格の参考資料）」は無償で発行されていますので、参考に入手されると良いです。

④ その他のバルブ関連規格

- 国際規格：国際標準化機構（ISO）、国際電気標準会議（IEC）
- 日本国内の代表的規格：石油学会（JPI）規格、日本水道協会（JWWA）規格、空気調和・衛生工学会（SHASE）規格、ステンレス協会（SAS）規格
- 海外の関係する代表的規格：米国石油学会（API）規格、米国水道協会（AWWA）規格、米国バルブおよび継手協会（MSS）規格、米国機械学会（ASME）規格

第4章

基本的なバルブ

　本章では、バルブの種類を具体的に説明します。数あるバルブの形態の中から"基本的なバルブ（一般弁）"を取り上げ、その基本原埋から特徴、使い方までをひも解いて説明します。異なる産業や異なる設備を横断して幅広く利用されている"汎用弁"にもスポットを当てて紹介します。基本的なバルブを理解することで、特殊用途用バルブや自動弁などの応用品にも対応できるようになります。

4-1 ● バルブの機能と各バルブの構造原理

　汎用弁のバルブの種類（構造）について説明する前に、バルブの「機能」について説明します。

　バルブの機能は配管を車の流れ（交通）に例えるとバルブをよく理解することができます。バルブが配管において、交通整理の"お巡りさん"と呼ばれる所以です。

　バルブは機能上、**図 4-1** のように大きく3つのグループに区分することができます。すなわち逆止め（逆流のみを止める）、止め（正流・逆流の両方を止める、「絞り」も含む）、流路切換（分岐・集合）の3つです。バルブには調整弁・調節弁などの自動弁も含むと複雑な構成もありますが、原理や基本構造はいたって単純であり、バルブの機能は前述の3つに集約されます。

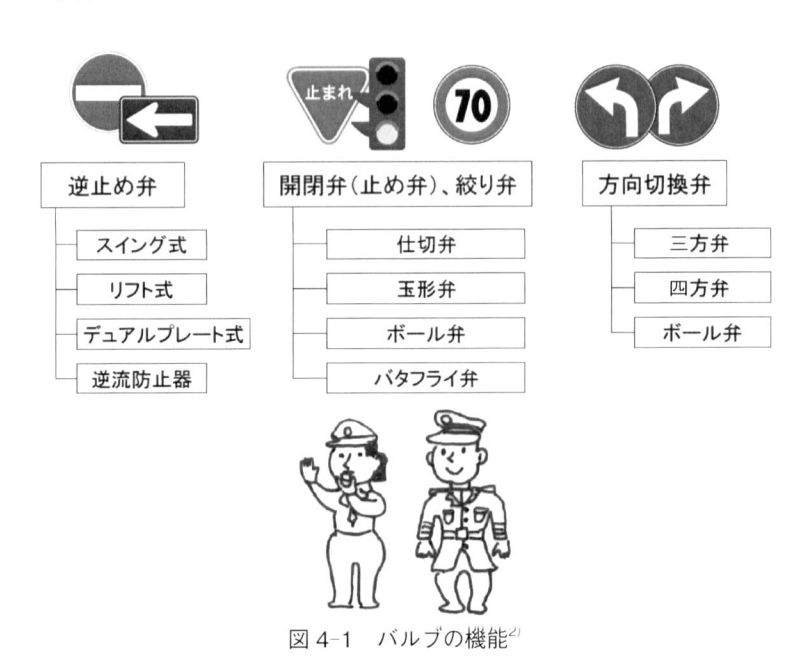

```
逆止め弁              開閉弁（止め弁）、絞り弁      方向切換弁
├ スイング式          ├ 仕切弁                      ├ 三方弁
├ リフト式            ├ 玉形弁                      ├ 四方弁
├ デュアルプレート式  ├ ボール弁                    └ ボール弁
└ 逆流防止器          └ バタフライ弁
```

図 4-1　バルブの機能

4-2 ● 汎用弁の種類と構造

前項で、バルブの原理や基本構造はいたって単純であると説明しました。**図 4-2** に「止め弁」の原理・構造と種類とを示しましたが、基本的なバルブの原理はきわめて単純なものなのです。

また、これらのバルブ形式では、それぞれに長所や短所を有しているため、利点を活かし、欠点となる条件はなるべく使用しないように心掛けて選定しなければなりません。

図 4-2 に示すこれらのしくみ（例）は、[Ⅰ] 玉形弁は、「水栓（蛇口）」として、[Ⅱ] 仕切弁は、「田の堰や川の水門」として、[Ⅲ] ダイヤフラム弁は、「水撒きホースを押しつぶして止める、医療用点滴チュー

弁体の動き	バルブの種類	弁体の動き	バルブの種類
[Ⅰ]押し付け こま上の弁体を流れに逆らって押し付ける方式。流れを利用して押し付ける方式もある。 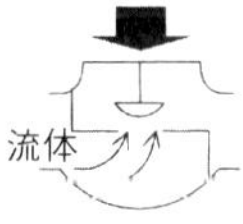	玉形弁 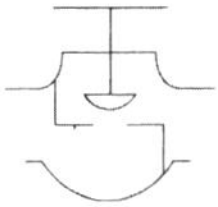	[Ⅳ]回転 球状、板状および栓状の弁体を回転させる方式。	ボール弁 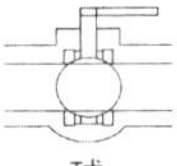 球
[Ⅱ]スライド 板状の弁体を流れる方向に対し、ほぼ直角に滑らせる方式。 	仕切弁 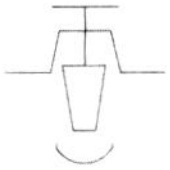	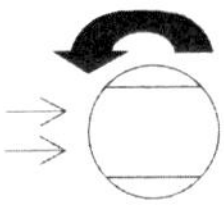	バタフライ弁  円板
[Ⅲ]押しつぶし ゴム等弾力のある弁体を押しつぶす方式。 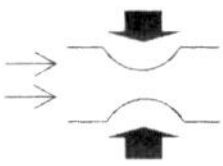	ダイヤフラム弁 ピンチ弁 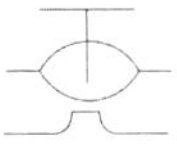		コック 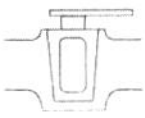 栓

図 4-2　バルブ形式と種類[1]

ブの止液弁」として、[Ⅳ] バタフライ弁は、「自動車クーラー用冷媒の調節弁」として、われわれの生活の身近に存在しています。

表 4-1 にバルブ形式の要点、長所と短所を示します。これらの止め弁は、全閉または全開の"二位置（通称：on-off 制御）"で用いますが、このうち玉形弁とバタフライ弁は中間開度（絞り制御）でも用いることができます。ただし、極端な絞り（開度10%以下）では用いることはできません。

表 4-1　バルブ形式の要点、長所と短所[1]

型　式	要　点 弁体の動き	長　所	短　所
仕切弁 （ゲートバルブ、スルースバルブ）	・スライド ・板状の弁体を流れ方向に対しほぼ直角に滑らせる方式	・直通流路をもつ ・流体抵抗が比較的小さい	・寸法が大きい ・開閉操作時間が長い ・全開/全閉の使用に限る
玉形弁 （グローブバルブ、ストップ弁）	・押し付け ・弁体を流れに逆らって押し付ける方式 ・流れを利用して押し付ける方式もある	・調節特性に優れている	・小開度（およそ10%以下）では流体抵抗が大きく、浸食を受けやすい ・大きな締め切り力が必要 ・大きいサイズでは締め切りが困難
逆止め弁 （チェックバルブ） （チェッキバルブ）	・押し付け ・弁体を逆流圧によって押し付ける方式	・流体の圧力によって弁体は自動で開閉する	・逆圧が小さいと完全封止ができない ・圧力差が小さいと弁体の開度が安定しない
ボール弁 （球弁）	・回転 ・球状、板状の弁体を回転させる方式	・直通流路をもつ ・流体抵抗が小さい ・開閉操作が早い ・操作がしやすい	・ソフトシートの材料によって温度や流体が制限される
バタフライ弁 （蝶形弁）		・直通流路をもつ ・開閉操作が早い ・操作がしやすい ・軽量・コンパクトである	・ソフトシートの材料によって温度や流体が制限される ・弁体が流路に残る

4-3 ● 具体的なバルブの構造と特徴

　バルブは、基本的なものに加え特殊な派生品までカウントするときわめて多くの種類・構成が存在します。したがって、本章ではすべてを網羅して紹介することはできないため、基本的なものに絞って紹介します。特殊な派生品については、「新版 バルブ便覧」を参照ください。

（1）　仕切弁（gate valve）
①　仕切弁の概要

　仕切弁は「ゲートバルブ」または「スルースバルブ」とも呼び、止め弁の代表として古くから広く利用されています。図4-2の「［Ⅱ］スライド」の構成で JIS B 2011 青銅弁および JIS B 2030 ねずみ鋳鉄弁などの「JIS 規格弁」としても建築設備や一般機械配管に多く用いられています。

　仕切弁は流路が直線で全開時には流路内に弁体が残存しないため、圧力損失が小さくボール弁とともに広い用途に利用されています。弁座が各出入り口で2枚あり、これらの間に「キャビティ」と呼ばれる空隙があるので、バルブ内に流体の残存やこれによる凍結、異常昇圧などのトラブル発生には注意・対策する必要があります。また、食い込んだ弁体が冷えてさらに食い込み、バルブ開操作ができなくなるトラブルがあるため、蒸気ラインにはなるべく仕切弁は利用しないようにしましょう。

　欠点としては開閉にハンドル多回転形操作構造であることや、ボール弁に比べてバルブの全丈が高くなってしまうことなどがあります。また、中大口径になるとバタフライ弁に比べ重く・大きくなってしまい、経済性に劣るなどの欠点があります。

　図4-3に代表的な仕切弁の例を示します。

②　仕切弁の構造の種類
（1）弁体にかかわる構造

　通常の仕切弁の弁体は、「ウェッジ仕切弁」といい、弁体が断面楔状

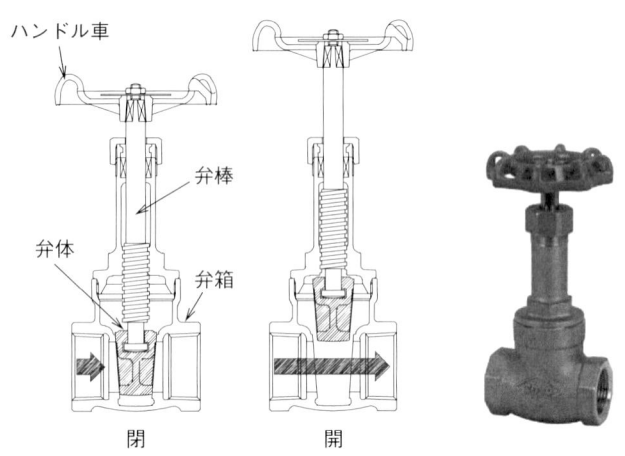

図 4-3　仕切弁の例（青銅製 JIS ねじ込み形ライジングステム仕切弁）

に角度を有した円筒になっています。この楔角は 6 〜 10 度で、弁体が弁棒を介して下方に押し付けられると、楔効果で弁体弁座面が弁箱弁座面に押し付け力が発生し流体の封止力を得ることができます。ちなみに楔角 6 度の場合、弁棒の押し付け力の約 19 倍の面押し付け力を得ることができます。

　シートの面圧（圧力）は、封止すべき流体圧力の 4 倍を計算上の基本にバルブの設計がなされています。

　ウェッジ仕切弁の弁体構造には、ソリッド形、フレキシブル形、スプリット形、片くさび形などの種類があります。

　どうしても蒸気ラインへ仕切弁を利用したい場合には、冷えた際に弁体の食い込みにより全閉位置から開放不能になることがあるので、ウェッジ仕切弁は「フレキシブル形」（**図 4-4** の右図参照）とします。

　ウェッジ形以外では、楔角を持たないパラレルスライド式、ダブルジスク式などがありますが汎用弁ではあまり使われません。

（2）弁座（弁箱付き弁座）にかかわる構造

　弁座や弁体のシート面は的確にシールを行わなければならないため、さびないことやシート面に噛り付きを生じないことが必要です。このた

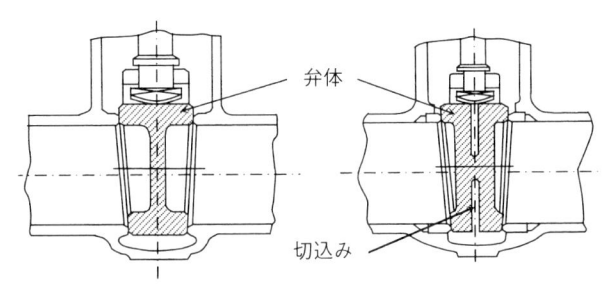

図 4-4　仕切弁の弁体構造例（左：ソリッド形ウェッジ、右：フレキシブル形ウェッジ）[1]

め、本体（弁箱）材料そのもので弁座を構成できる青黄銅製やステンレス製バルブを除いては、弁座や弁体のシート面の部材を別体の部品（弁体・弁箱付き弁座）で構成する必要があります。

この弁座の弁箱への取付方法の種類には、図 4-5 に示すねじ込み形の他、打ち込み形、溶接形、エキスパンディング形などがあります。

(3)　弁棒にかかわる構造

弁棒はねじを利用して弁体を押し付けて弁座をシールするとともに、開閉位置への移動を行う機構です。弁体とともに弁棒が上昇・下降する構成を「弁棒上昇式（仕切弁）」と、内部にねじを設けた弁体のみが弁棒の回転に伴って上昇・下降する構成を「弁棒非上昇式（仕切弁）」と呼びます。

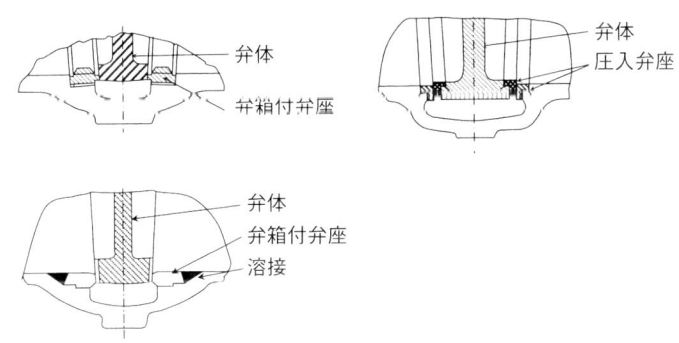

図 4-5　仕切弁の弁座構造例（左：ねじ込み式、右：打ち込み形、下：溶接形）[1]

図 4-6、4-7 に「外ねじ・弁棒上昇式仕切弁」、「内ねじ・弁棒非上昇式仕切弁」を示します。"外ねじ"とは接液部の外側に弁棒のねじがある

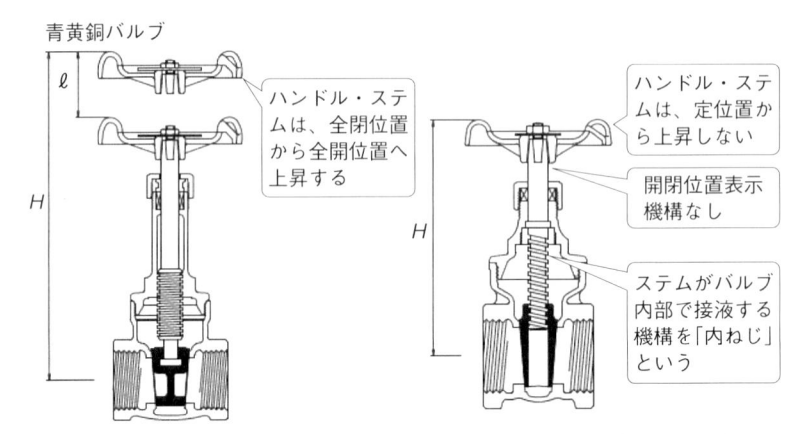

青黄銅バルブ

- ハンドル・ステムは、全閉位置から全開位置へ上昇する
- ハンドル・ステムは、定位置から上昇しない
- 開閉位置表示機構なし
- ステムがバルブ内部で接液する機構を「内ねじ」という

図 4-6 青黄銅 左:「外ねじ・弁棒上昇式仕切弁」、右:「内ねじ・弁棒非上昇式仕切弁」の構造例

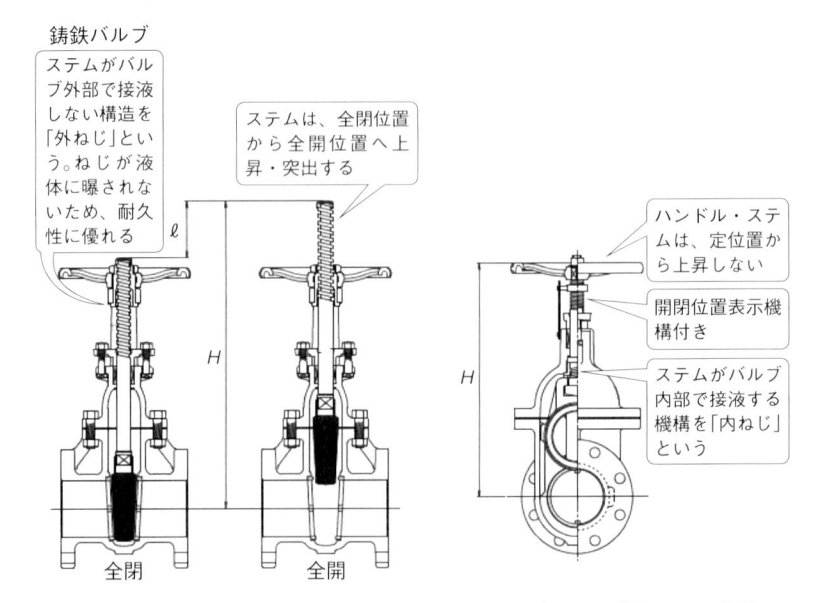

鋳鉄バルブ

- ステムがバルブ外部で接液しない構造を「外ねじ」という。ねじが液体に曝されないため、耐久性に優れる
- ステムは、全閉位置から全開位置へ上昇・突出する
- ハンドル・ステムは、定位置から上昇しない
- 開閉位置表示機構付き
- ステムがバルブ内部で接液する機構を「内ねじ」という

全閉　　全開

図 4-7 鋳鉄 左:「外ねじ・弁棒上昇式仕切弁」、右:「内ねじ・弁棒非上昇式仕切弁」の構造例

もの、"内ねじ"とは接液部内に弁棒のねじがあるものを指します。

(4) ふた（ボンネット）およびグランド（パッキン部）にかかわる構造

この部分についても使用条件や用途に応じて数々の構造がありますが、詳しくは第2章「2-4シールの理論：①パッキンおよび②Oリング」の説明を参照してください。

(5) 逆座とふたはめ輪

「逆座」とは、石油工業用バルブの仕切弁や玉形弁で弁棒とふた（またはふたはめ輪）との間に設けるシートで、弁棒を全開状態にしてこれらを密着封止して、緊急時など圧力が掛かるバルブ使用下でもグランドパッキンを交換できるように構成したグランドパッキン外漏れ対策用弁座をいいます。「ふたはめ輪」は、逆座の表面硬化や防食などを図るために、ふたと別体に設けた要部部品をいいます。石油工業用途など安全性が求められる設備で「緊急時流体を止めずにパッキンを交換できる仕様」という要求から、両者は汎用弁には設けられていない場合がほとんどです。図4-8に「ふたはめ輪」と「逆座」の構造例を示します。

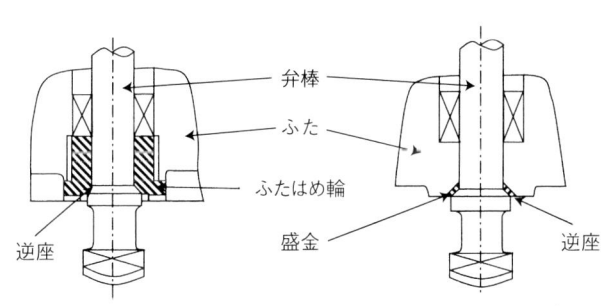

図4-8　左：「ふたはめ輪」、右：「逆座」の構造例[1)]

③ 仕切弁の選び方・使い方

(1) 全開または全閉の状態で使用し、管路の遮断用のバルブとして用います。

(2) 中間開度で使用した場合、流体の作用によって弁体弁座と弁箱弁座がぶつかり合うチャタリングが発生し、弁座面が傷付きバルブの

封止機能が低下するため、このような使い方は避けなければなりません。
(3) 急速な開閉や、頻繁な開閉操作を必要としない個所で使用するのが一般的です。
(4) 流体が液体の場合、弁体を全閉にしたとき、弁箱内部の空洞部に流体が封入され、その流体が外部から熱を受けると内部圧力が異常に上昇し、バルブを損傷することがあります。「異常昇圧」というトラブルですが、このような使い方が事前にわかっている場合、通常は圧力の高い方にベントホール（排出孔）やリリーフ弁（逃がし弁）などを設けて対応します。

④ 特殊な仕切弁

特殊な構造では、内部を引っかかりがないように工夫した石油工業向けの「スルーコンジット仕切弁」、口径をレジュースした「ベンチュリポート仕切弁」、薄い弁体とした粉体・スラリー（夾雑物を含む）流体向けの「板弁（ナイフゲートバルブ）…図 4-9 参照」などがあります。

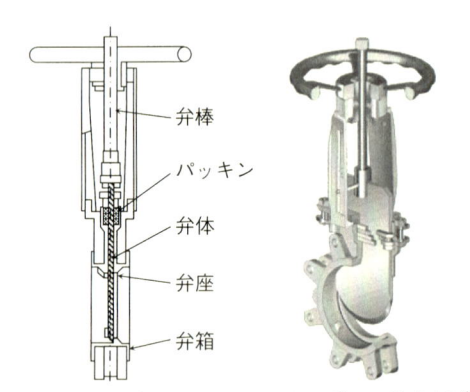

図 4-9　板弁（ナイフゲートバルブ）の構造例[4]

（2）　玉形弁（globe valve）

① 玉形弁の概要

玉形弁は「グローブバルブ」とも呼び、止め弁、絞り弁の代表として

広く利用されています。「ストップバルブ」という別名もあり、"狭義"の意味での「止め弁」とも呼ばれています。代表的な玉形弁の弁箱胴部が"球状"になっているため玉形と呼ばれます。

図4-2の「［Ⅰ］押し付け」の構成で、JIS B 2011「青銅弁」およびJIS B 2030「ねずみ鋳鉄弁」などの「JIS規格弁」として建築設備配管に多く用いられています。

ハンドル多回転型操作構造のため、急激に開放できないことや中間の絞り制御が可能なこと、止まりがよいこと、弁座が1枚でバルブキャビティがない、などから燃料ライン、蒸気ライン用途および中間開度（intermediate position）を利用した絞り制御に向いています。流路が大きく屈折していて、かつ弁体が流路に残るため、圧力損失が大きいので、無圧の排出用途などには向いていません。弁座は1枚でキャビティがないため、異常昇圧などは生じにくいですが、バルブ内には流体が残存します。欠点としては中大口径になると重く・大きくなってしまい経済性に劣るなどがあげられます。

弁体シートに樹脂やエラストマーを設けて弁座の止まり性能をさらに向上させた「樹脂製ジスク入り玉形弁（ソフトシート）」も販売されています。

図4-10に代表的な玉形弁の構造を示します。

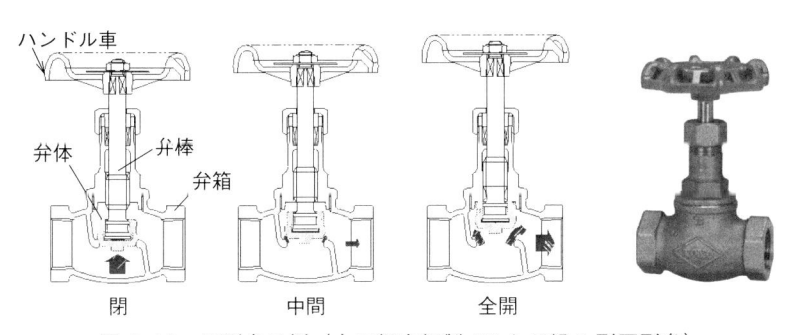

図4-10 玉形弁の例（小口径青銅製JISねじ込み形玉形弁）

第4章 ● 基本的なバルブ

79

② 玉形弁の構造の種類

(1) 弁体にかかわる構造

通常の玉形弁の弁体は、「コニカル形玉形弁」と言い、弁体シート部が円錐台形になっています。この傾斜角は約 30 度で、弁体が弁棒を介して下方に押し付けられると、弁座面に押し付け力が発生しシールを得ることができます。仕切弁の傾斜角と比べるとこの傾斜角は大きいため、仕切弁のようなシートの押付け力は増大しません。ただし、シートの幅を細くすることで必要な面圧を確保しています。

コニカル形以外では、平面形（樹脂ジスク入り）、ボール形、ニードル形などがあります。図 4-11 にコニカル形および平面形（樹脂ジスク入り）、ニードル形弁体の玉形弁を示します。

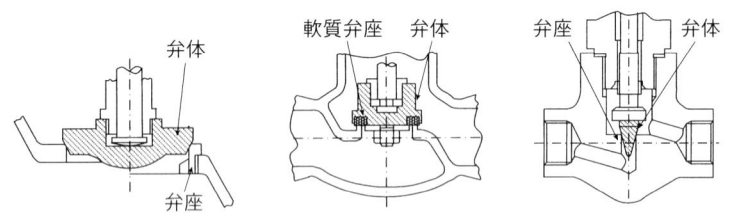

図 4-11　左：コニカル形、中：平面形（樹脂ジスク入り）、右：ニードル形構造例[1]

(2) 弁座にかかわる構造

弁座や弁体のシート面は的確にシールを行わなければならないため、さびないことや噛り付きを生じないことが必要です。このため、本体（弁箱）材料そのもので弁座を構成できる青黄銅製やステンレス製バルブを除いては、弁座や弁体のシート面の部材を別体の部品（弁体・弁箱付き弁座）で構成する必要があります。この弁座の取付方法は、ねじ込み形、打ち込み形、溶接形、エキスパンディング形などがあり、前出の仕切弁と同様です。

(3) 弁棒にかかわる構造

弁棒はねじを利用して弁体を押し付けて弁座をシールするとともに、

開閉位置への移動を行う機構です。玉形弁は、弁体とともに弁棒が上昇・下降する構成がほとんどで「内ねじ式玉形弁（小形弁）」または「外ねじ式玉形弁（大形弁）」です。

図4-10には「内ねじ式玉形弁」を示しています。

(4) ふた（ボンネット）およびグランド（パッキン部）にかかわる構造

この部分についても使用条件や用途に応じて数々の構造がありますが、詳しくは第2章「2-4 シールの理論：①パッキンおよび②Oリング」の説明を参照してください。

③ 玉形弁の応用

玉形弁の仲間には、流体抵抗を低減した「Y形弁」、中間開度での絞り機能をより精密にした「ニードル弁」、流路入り口を下方に設けた「アングル弁」などの派生品も存在します（**図4-12** 参照）。

電磁弁や減圧弁、自動調節弁などの自動弁の多くがこの玉形弁やニー

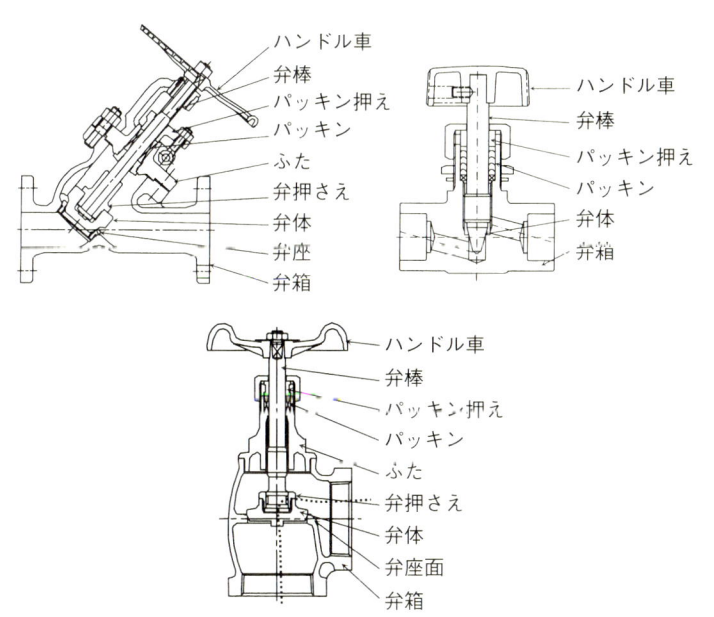

図4-12　玉形弁の応用例〈左：Y形弁、右：ニードル弁、下：アングル弁〉構造例[1]

ドル弁を応用した構造です。

④ 玉形弁の選び方・使い方
(1) 特に封止性を重要視する箇所に使用します。
(2) 流量や圧力などを制御する箇所（絞り）に使用します。ただし、低開度（おおよそ10%以下）では、差圧条件によって、弁体が振動するチャタリング現象や、エロージョンが起きる可能性があるため、極端な低い開度にならないように弁の容量係数を求め、適正なサイズを選定しなければなりません。
(3) 弁箱内の流れ方向が複雑に変化するため、繊維、スラリー、高粘性、異物混入流体などには適していません。そのため選定には注意が必要です。
(4) 圧力損失が最も大きなバルブのため、配管の途中に用いる「単なる遮断弁」には用いないようにしましょう。配管の末端に用いる利用は、問題ありません。

（3） ボール弁（ball valve）

ボール弁とバタフライ弁はいずれも図4-2の「［Ⅳ］回転」の構造で、弁座または弁体弁座いずれかにエラストマー（樹脂やゴム）を利用することを前提に開発されたもので、仕切弁や玉形弁は弁棒が上下動する「リニア式」と呼ばれる構成に対し、ボール弁とバタフライ弁は弁棒がその場で回転動する「ロータリー式（またはクォーターターン式）」と呼ばれる構造の違いを有します。このため、ボール弁とバタフライ弁は、バルブの全高さが仕切弁に比べて低く軽量でコンパクトに製作でき経済性に優れるため、現在では仕切弁に代わって止め弁の代表的地位に躍進しています。

加えて90度弁棒を回転するだけで開閉操作ができるので、自動化が容易で自動弁を安価に製作できるため、電動や空気圧アクチュエータを搭載して「（他力式）自動開閉弁」としても広く用いられています。

ボール弁とバタフライ弁は後述する特徴から、適用するサイズ範囲を

それぞれ小口径用（～50 A）はボール弁、中大口径用（65 A ～）はバタフライ弁と区分して用いられていることが多くあります。

① ボール弁の概要

ボール弁は孔を設けたボール（球状の弁体）を2枚の弁座で保持し、ボールを90度回転移動して孔の位置の導通によりバルブの開閉操作を行うもので、「ボールバルブ」または「球弁」とも呼ばれます。後述のコックと同じ動作をするため、「ボールコック」などとも呼ばれます。通常は弁座（シート）の材料に四フッ化エチレン樹脂（PTFE）が多く用いられますが、特殊なボール弁では「メタルタッチ」や「グラファイト」シートも存在します。

図4-13にフローティング形ボール弁の構造例を示します。フローティング形は、2枚のシート間にボールが浮いた状態で保持される構造で、低圧ではあらかじめシートに付与した面圧（締め代とも呼びます）の両面のシートで、高圧ではボールが二次側に押されて二次側のシートでそれぞれ封止する構成となっています。

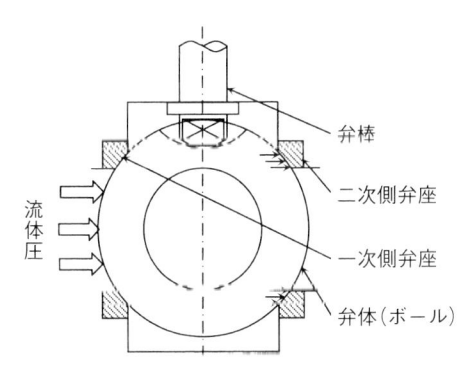

図4-13　フローティング形ボール弁の構造例[1]

ボール弁では原則中間開度位置での絞りは特殊な用途例を除いては利用できません。ボール弁は比較的開発の歴史が新しいため、国内ではJISなどの規格はほとんど存在しません。

② ボール弁の弁箱の構成

通常のフローティング形ボール弁（フルボアおよびスタンダードボア）は、「2ピース形」と呼ばれる弁箱とふた（一般に「キャップ」とも呼ぶ）をねじ込みまたはフランジで接続した構成です。**図 4-14** に代表的な 2 ピース形ボール弁の構造を示します。前者は、弁箱とふたとをねじ込みにて接続し、ガスケットを利用しないメタルタッチ式です。

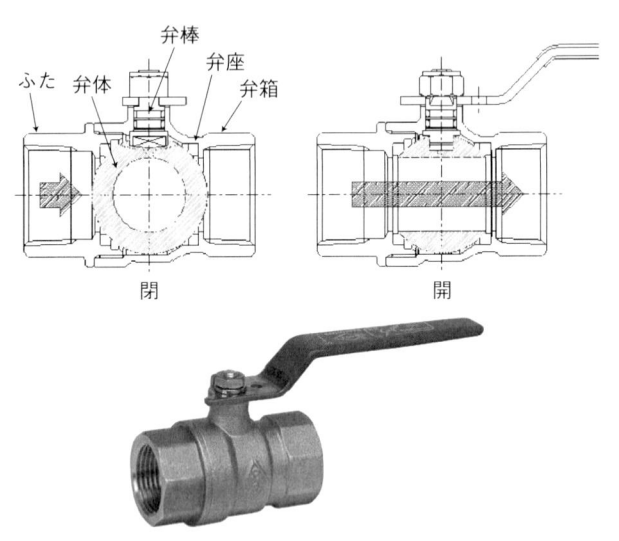

図 4-14　汎用フローティング形 2 ピース形ボール弁の構造例

レジュースドボアのボール弁では、経済性を考慮して「1 ピース形」と呼ばれる弁箱内にインサートをねじ込みで内蔵接続した構成とすることがあります（**図 4-15** 参照）。この弁箱は六角形の棒材料を素材として製作されることもあり、「バーストック形」と呼ばれることもあります。

1 ピース形は、2 ピース形に比べて配管応力に強い特長を有しています。装置・工業系バルブにおける、ボール弁のボデー構造による分類を **図 4-16** に示します。

フルボア、スタンダードボア、レジュースドボアについては、3-4（2）項「口径」および次項「③ボール弁の弁体・弁座口径」を参照ください。

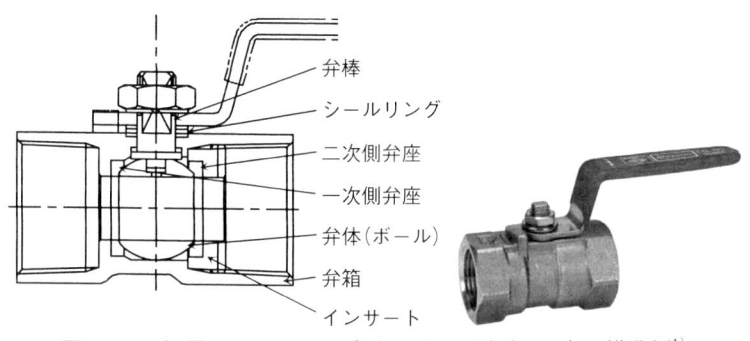

図4-15　汎用フローティング形1ピース形ボール弁の構造例[1]

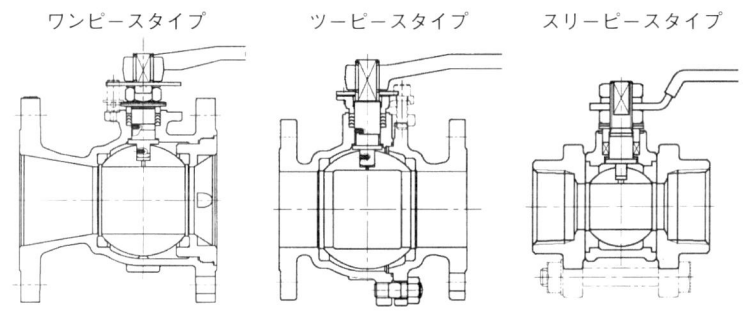

図4-16　装置・工業系バルブの分類（ボデー・キャップ接続）

③　ボール弁の弁体・弁座口径

　仕切弁や玉形弁は、一般に弁座部の口径が管内径とほぼ同一の「フルボア」と呼ばれる構成を採用しますが、ボール弁は弁内流過部の凹凸がほとんどなく圧力損失がきわめて小さい特長を持つため、ボール孔径を弁箱内径より段階的に小さく落とした「スタンダードボア」や「レジュースドボア」などの経済性に優れたものが用途に応じて広く販売されています。

　1段落ちの「スタンダードボア」は、フルボアの仕切弁とほぼ同レベルの圧力損失とされているので、スタンダードボアは通常の圧力がある液体や気体の搬送用途に向いています。「フルボア」は圧力損失を嫌う無圧の排水用途などに向いています。2段落ちの「レジュースドボア」は、

圧力損失は大きいですが、圧力のみを伝達するメータコック（圧力計の元弁）や管末端近くでの切り出し用途（水栓に近い使い方）などに向いています。**図 4-17**に「フルボア」および「レジュースドボア」の構造を示します。

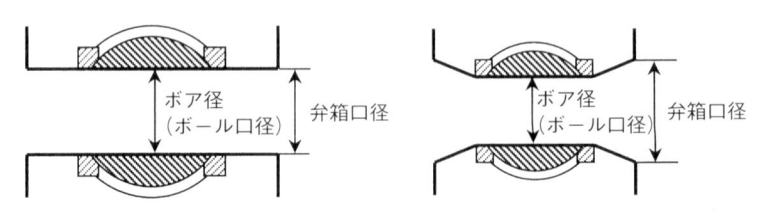

図 4-17 左「フルボア」および右「レジュースドボア」の構造例[1]

④ 多ポート式（多方口）ボール弁

ボール弁はボール内の穴形状を変えることで**図 4-18**に示します「三方弁（流路切換弁）」を容易に構成することができます。この他、四方弁やシートの構成が二面・四面などが用途に応じてあります。

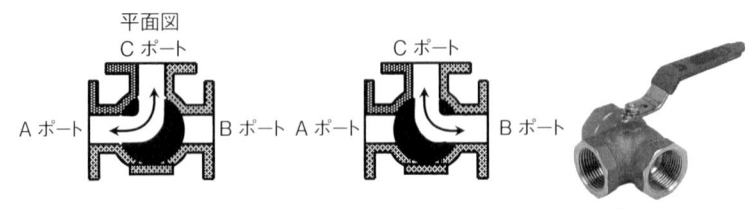

図 4-18 三方ボール弁（Lポート式）の構造例[1]

⑤ ボール弁の選び方・使い方

(1) ボール弁は、仕切弁と同様に弁座が出入り口に 2 枚あり「キャビティ」と呼ばれる空隙があるので、バルブ内に流体の残存やこれによる凍結、異常昇圧などのトラブル発生には注意・対策する必要があります。

(2) フルボアのボール弁は、圧力損失を最も少なく押さえることができるため、配管系の圧力損失を最小限にしたい箇所に利用します。無圧時の排水などに利便性があります。

(3) 標準的な弁座（シートリング）は、通常ソフトソートを使用しているため、高温で使用する場合、圧力-温度レーティングに注意しなければなりません。PTFE は最高でも 200℃ くらいが限界です。
(4) バルブの構造上、中間開度での使用にはあまり適していません。
(5) 基本的にはボール弁を中間開度で使用することは推奨していませんが、レバー式ハンドルなどにてハンドルを固定せずに、中間開度で使用をすると、アンバランストルクの影響で、弁体が閉方向に動作する（弁サイズが大きいほど起こりやすい）ことがあるため、注意しなければなりません。
(6) 本体材料は、仕切弁と同様に青・黄銅、鋳鉄、ダクタイル鋳鉄、ステンレス、鋳鋼、樹脂など用途に応じてさまざまなものが利用されます。
(7) 建築設備配管においても冷温水、冷却水、給水、給湯などで多くのボール弁が利用されています。ボール弁はその構造から弁棒を短く（丈を低く）コンパクトに構成することができます。しかし、反面汎用品にはハンドルが干渉して保温・保冷断熱施工ができないもの（図 4-14、4-15 参照）も販売されているので、断熱施工用途には**図 4-19** に示す「ロングネック」構造のボール弁を選定する必要があります。また、冷水用途で金属製のレバーハンドルでは結露によるトラブルを生ずることがあるため、樹脂製のハンドルにするなど

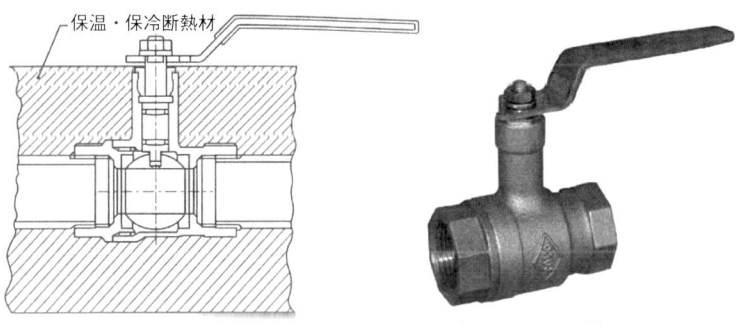

図 4-19　ロングネック構造のボール弁例と断熱材構造例

結露対策仕様選定に注意しなければなりません。

⑥ 特殊なボール弁

(1) トラニオン形ボール弁

通常のボール弁の構造は、「フローティング形」ですが、大口径サイズや高圧仕様の場合は、図4-13でわかるとおり、フローティングボールを押す力が増大して二次側のシートがその力を受けきれなくなってしまいます。このため、「トラニオン形」とする場合があります。図4-20にトラニオン形ボール弁の構造を示します。

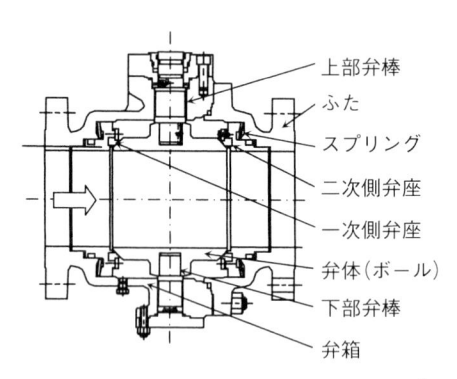

図4-20 トラニオン形ボール弁構造例[1]

トラニオン形は、フローティング形と異なりボールは上下部の弁棒によって常時回転自在に支えられていますが移動自在には保持されていません。このため、弁座（シート）の方がスライド可動する構造になっていて、スプリングでバックアップされた一次側のシートで封止する構成です。

(2) V-ポート（または、Vカット）ボール弁

通常ボール弁の弁体の口径形状は円ですが、絞りで利用する場合、弁開度と流量との特性は「クイックオープン」であり、調節弁としては好ましくありません。弁体の口径形状を工夫することで、この特性を「リニア」または「イコールパーセンテイジ」特性に改良したものです。

図4-21にV-ポートボール弁構造例を示します。

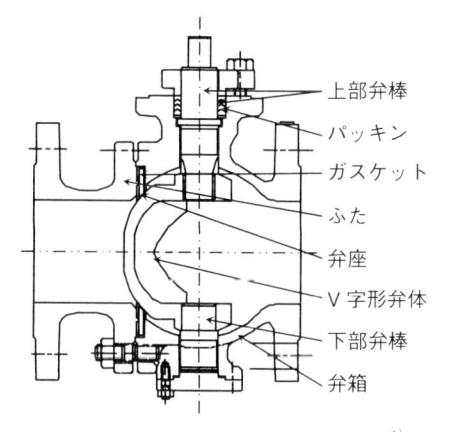

図 4-21　V-ポートボール弁構造例[1]

(3) 偏心形ボール弁

通常のボール弁の回転軸中心は1つですが、これを改良してシール時のみ弁体が弁座に着座接触し、シートを押圧するように工夫したものです。図 4-22 に偏心形ボール弁の構造を示します。

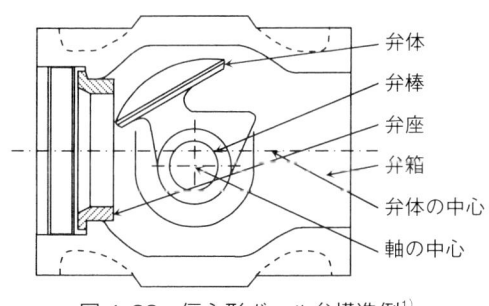

図 4-22　偏心形ボール弁構造例[1]

(4) トップエントリー形ボール弁

通常のボール弁は弁体をサイド（配管中心）方向から挿入して組み立てますが、玉形弁や仕切弁のように、弁箱上方から弁体を挿入するように構成したもの。弁箱とふたが一体形であるため、配管強度が高く、バルブ全体を配管から取り外さない状態（on-line）でメンテナンスできる特長があります。図 4-23 にトップエントリー形ボール弁の構造を示し

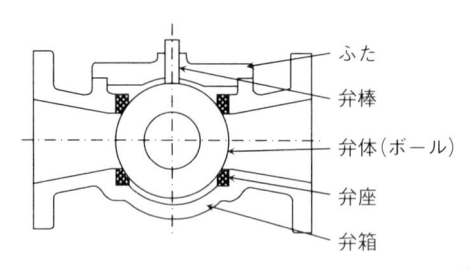

図 4-23　トップエントリー形ボール弁構造例[1]

ます。

(5) メタルタッチシートおよび膨張黒鉛シート

汎用のボール弁は、弁座（シート）の材料を四フッ化エチレン樹脂（PTFE）としますが、200℃を超える高温使用には、金属接触（メタルタッチシート）または膨張黒鉛シート構成とすることがあります。

（4）バタフライ弁（butterfly valve）
① バタフライ弁の概要

図 4-2 の「［Ⅳ］回転」の構成のバタフライ弁は、円板状の弁体を 90 度回転して開閉操作を行うバルブで、弁体に相対する弁座を弁箱側または弁体側に有しています。弁体の形状から「蝶弁」とも呼ばれます。ゴムシート中心形のバタフライ弁においては、弁座または弁体に設けた弁座にエラストマー（ゴム）の押圧反発力を利用して流体の封止を行う構造で、汎用弁として広く利用されています。

② ゴムシート中心形バタフライ弁

ゴムシート中心形バタフライ弁は JIS B 2032 に規格が制定されていますが、JIS マーク表示指定品目ではないため、「JIS バルブ」とは呼ばずに「JIS 適合品または準拠製作品」と称しています。**図 4-24** にゴムシート中心形（JIS B 2032）バタフライ弁を示します。図 4-24 に示すシート（弁座）は、弁箱側にシートを設けていますが、弁体側にシートを設けているもの（図示せず）もあります。

このタイプのバタフライ弁は、ゴム材料により使用温度の制限を受け

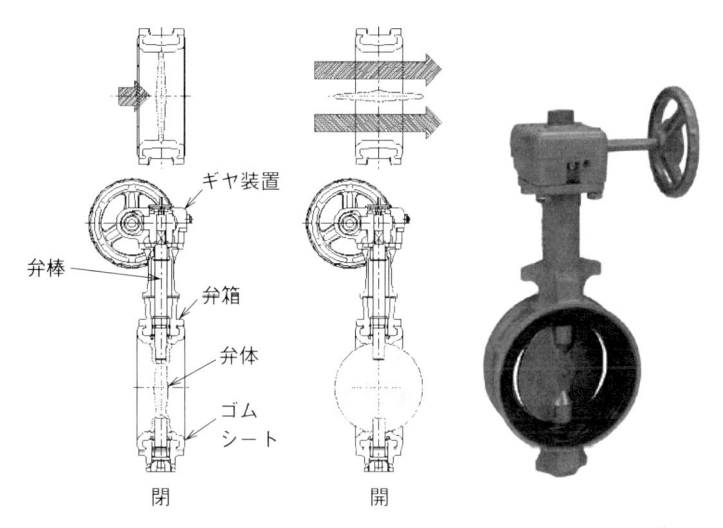

図 4-24　ゴムシート中心形（JIS B 2032）バタフライ弁例[1]

るため、一般的にはもっぱら低圧の水・油・空気圧などの一般用途に限られます。

　ゴム材料は用途（流体の腐食性）により EPDM、NBR、FKM、CR など種々のゴム材料を選定・使い分けする必要があり注意が必要です。

　給水用には通常 EPDM（エチレンプロピレンゴム）でよいですが、腐食条件が厳しい給湯用には FKM（フッ素ゴム）などの対応品を選ぶことがトラブル回避で必要です。弁箱側にシートを設けているタイプでは、本体（弁箱）材料はアルミ合金、鋳鉄、ダクタイル鋳鉄などの耐食性に劣る材料を用いることができます。

　これは、ゴムシートが健全な使用期間においては本体材料が流体に接液しないため、耐食性はゴムシートと弁体について考慮しておけばよいということに基づきます。なお、ゴムシート中心形バタフライ弁は、通常ウェハー形では呼び径 40A 以上に適用されていて、特に中大口径サイズに利点がありますが、"ねじ込み形小口径サイズ" も販売されています。

③ その他のバタフライ弁シート構造

バタフライ弁は、前出の「ゴムシート中心形」構造に対して「単偏心形」および「二重偏心形」もあります。図 4-25 にこれらの構造を示します。

ゴムシート中心形バタフライ弁の使用範囲を超える温度・圧力・耐食用途向けとして、「ハイパフォーマンス」と呼ばれる二重偏心形が販売されています。二重偏心形は、ソフトシートの弁座材料に四フッ化エチレン樹脂を用いる他、メタルシートなども利用されています。

図 4-26 にハイパフォーマンスバタフライ弁例を示します。本体（弁

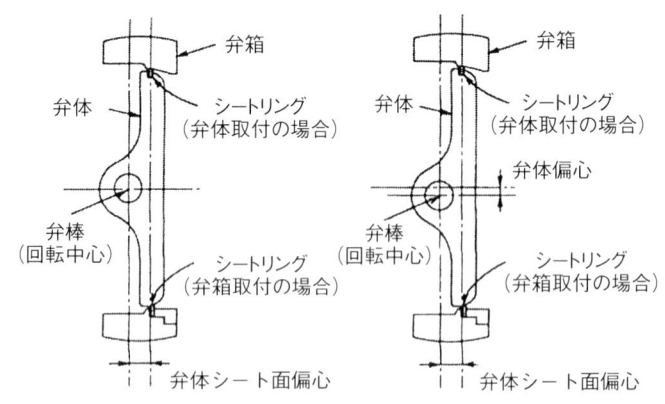

図 4-25　単偏心形と二重偏心形の構造例[1]（工業用偏心形バタフライ弁 JV9：1998 より）

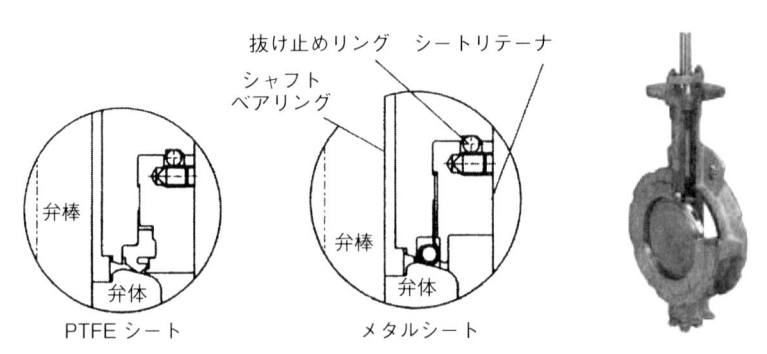

図 4-26　ハイパフォーマンスバタフライ弁（二重偏心形）の構造例[1]

箱）材料はダクタイル鋳鉄やステンレスなどが用いられますが、この構造では本体材料は流体に接液するため、耐食性は弁体のみならず本体についても考慮する必要があります。バタフライ弁では中間開度位置での絞りは認められていますが、極端な絞り開度での使用や高差圧での絞りには利用できません。

弁座は1枚でキャビティがないため、バルブ内に流体の残存や異常昇圧などは生じにくい構造です。

表 4-2 にバタフライ弁の分類を示します。また、三重偏心形は、二重偏心形よりさらに高いシール性やシートの密着・離脱性に優れています。

表 4-2 バタフライ弁の分類[1]

構造による分類	配管接続による分類	シート材質による分類
バタフライ弁─┬─中心形 　　　　　└─偏心形─┬─単偏心形 　　　　　　　　　　├─二重偏心形 　　　　　　　　　　└─三重偏心形	─┬─ウェハー形─┬─フランジレス形 　│　　　　　　├─フルラグ形 　│　　　　　　└─セミラグ形 　└─フランジ形	─┬─ゴムシート 　├─四フッ化エチレン樹脂シート 　├─メタルシート 　└─ダンパ

④　クォーターターン形バルブの操作機（アクチュエータ）

ボール弁やバタフライ弁は、小口径サイズはレバー式が用いられますが、「ウォームギヤ操作機」やその他の減速機がアクチュエータとして利用されています（図 4-27 (a)、(b) 参照）。

ボール弁やバタフライ弁は、レバーを90度回動するだけでバルブの開閉操作が素早くできる反面、急開閉操作はウォータハンマが発生する要因ともなりうるため、減速（増力）装置としてではなく急激な開閉操作ができない「遅速装置」として、ウォームギヤ操作機を適用する利用方法も国交省標準仕様書などでは指定されています。

ウォームギヤ操作機以外では、バタフライ弁特有の操作機として、「センターハンドル式」があります。これは各種のヘッダー出口の縦配管に設置された際、玉形弁のように正面でバルブ操作ができるように構成し

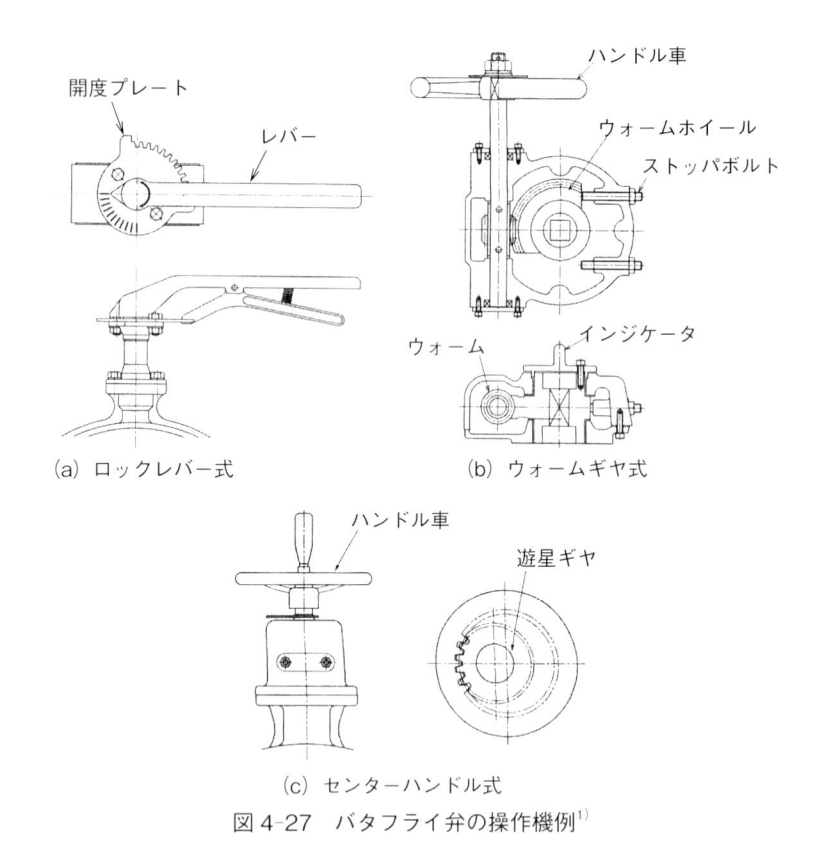

(a) ロックレバー式　(b) ウォームギヤ式

(c) センターハンドル式

図4-27　バタフライ弁の操作機例[1]

たものです（図4-27（c）参照）。

⑤　バタフライ弁の選び方・使い方

　バタフライ弁の使い方は、手動操作でバルブを開閉、または任意の位置に絞り固定するか、あるいは自動操作で開閉するか、弁開度をコントロールするかです。したがって、バタフライ弁を選定するには、ユーザーのそれぞれの使い方に合致した弁箱部と操作機（および付属機器）を選定することが重要です。このことが、バタフライ弁を長期にわたり安定した機能、性能などを発揮させて利用する第一条件と言えます。

　バタフライ弁はその構造上、特にゴムシート中心形バタフライ弁の操作部（自動操作機を含む）選定については、「逆転防止機能」を備えたも

のを適用します。これは、操作部出力軸が全閉時のゴムシートフリクション（反発弾性による全閉位置戻し現象）や中間開閉位置でのアンバランストルクをバルブ側から受けるため、バルブ側から逆転するトラブルの可能性があるからです。90度開閉型のボール弁の操作機で、逆転防止機能を備えていないものをバタフライ弁に転用する場合は、この点注意する必要があります。前項説明の手動操作機および第5章の自動操作機は、いずれもバタフライ弁用として「逆転防止機能」を備えています。

（5） 逆止め弁（check valve）
① 逆止め弁概要

止め弁が基本的に正流および逆流双方を閉止できることに対し、逆止め弁（チェックバルブまたはチェッキバルブ）は「逆流」のみを閉止する（一方通行）機能を有します。したがって、逆止め弁は、一部の特殊なバルブを除くと基本的に「止め弁」のように正流を絞ることはできません。

逆止め弁の構成は、玉形弁と同じで図4-2の「［Ⅰ］押し付け」です。

逆止め弁の種類（原理・構造）は、スイング式、リフト式、デュアルプレート式、ティルティング式など種々ありますが、建築設備や一般機械配管では、図4-28、4-29、4-30 に示すスイング式、リフト式、デュアルプレート式が多く用いられています。スイング式はJIS B 2011 青銅

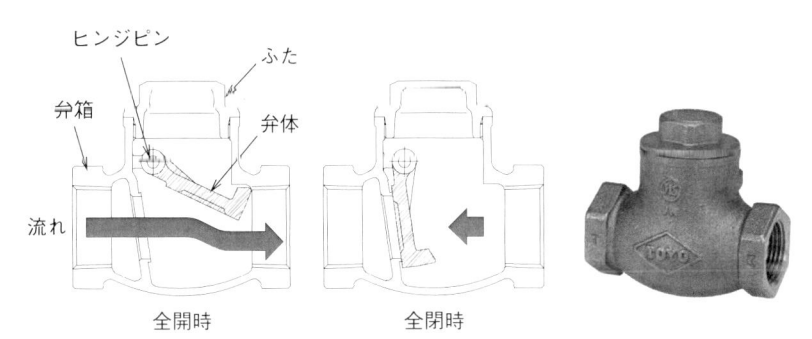

図4-28 「スイング」式の逆止め弁構造例

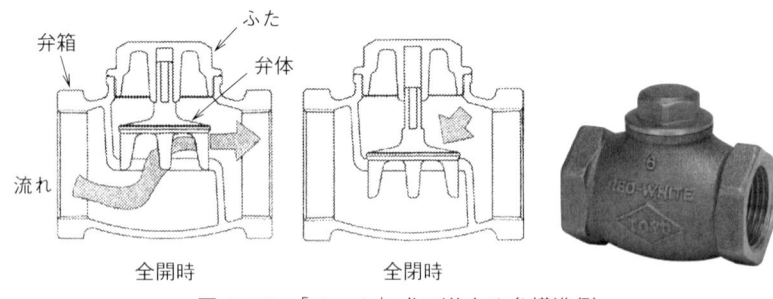

図 4-29 「リフト」式の逆止め弁構造例

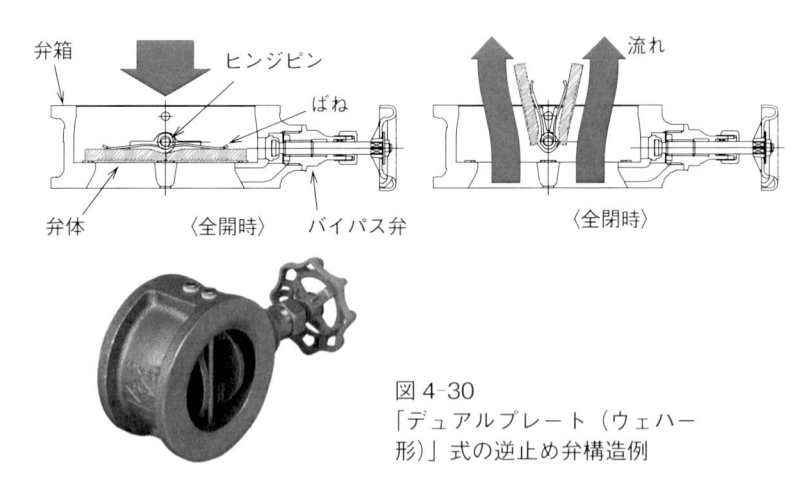

図 4-30 「デュアルプレート（ウェハー形）」式の逆止め弁構造例

弁および JIS B 2030 ねずみ鋳鉄弁などの「JIS 規格弁」として建築設備配管に多く用いられています。デュアルプレート式は、比較的歴史が新しいので、JIS などの規格はありません。

② 逆止め弁の封止性能

逆止め弁は流体自身の逆流圧力を利用して自力で閉止する構造ですから、逆圧（背圧とも呼ぶ）が低いと漏れやすいので選定に注意する必要があります（図 4-31 参照）。一般にメタルシートでは呼び圧力の 1/3 以上を最小封止圧力として必要とされます（例：10 K バルブでは、0.4 MPa 以上）。ソフトシート（ゴムや樹脂）でも、各バルブの仕様によりメーカー基準で最低逆圧封止圧力や許容漏れ量が決まっていますから、

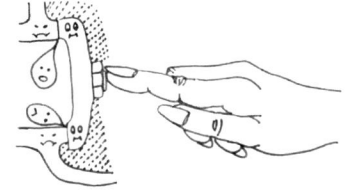

(a) 逆圧が大きい場合（漏れない）　(b) 逆圧が小さい場合（漏れる）

図 4-31　逆止め弁の封止原理

使用条件の確認が必要です（例：ゴムシートばね入りのデュアルプレート式では、逆圧は 0.05 MPa 以上必要になります）。

逆圧で閉止している構造の逆止め弁は「ゴミ噛み」などでも漏れやすい欠点があります。逆止め弁は、逆流が始まって後、弁体が作動し閉止を行う（時間差がある）構造ですから、バルブ自体の開閉でウォータハンマを発生させてしまうことがあります。

このウォータハンマ発生を抑制・改善するため、弁体に「ばね」を装着して逆流が始まる前から直ちに閉止アクションを取り、流れが止まりしだい直ちに弁体が作動し閉止を行う構造とした「衝撃吸収式（国土交通省 標準仕様での名称）」逆止め弁も販売されています。

図 4-32 に「衝撃吸収式」逆止め弁を示します。

国交省公共建築工事機械設備標準仕様書には、この「衝撃吸収式」逆止め弁としてばねを装着したリフト式（図 4-32、スモレンスキ形）およびウェハー形デュアルプレート式（図 4-30）を規定しています。差圧や水の揚程などの条件によりばねの強さ（トルク）を変更するオプショ

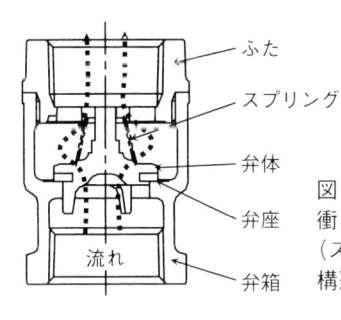

図 4-32
衝撃吸収式逆止め弁
（スモレンスキ形）の
構造例[1]

ふた
スプリング
弁体
弁座
流れ
弁箱

ン対策も採られているため、メーカーに相談されるとよいでしょう。

③ 逆止め弁の選び方・使い方

(1) 逆止め弁は、弁体の自力（重力も関係します）で逆圧をシールする関係で、止め弁に比べ配管姿勢に制限を有する場合が多くあります。特にリフト式では水平配管・正立姿勢のみ利用できるなどかなり限定されます。配管取付姿勢制限については、メーカーから図4-33に示す営業資料が掲示されているので参照されると良いです。

配管方向	取付姿勢	構造			
		スイング形	リフト形	ウェハー形	スプリングスリピストンチェッキ(ボール弁付)
水平	正立 （立形）				
	横向き 下向き （横形）				
垂直 （平置）	上向き流れ				
	下向き流れ				

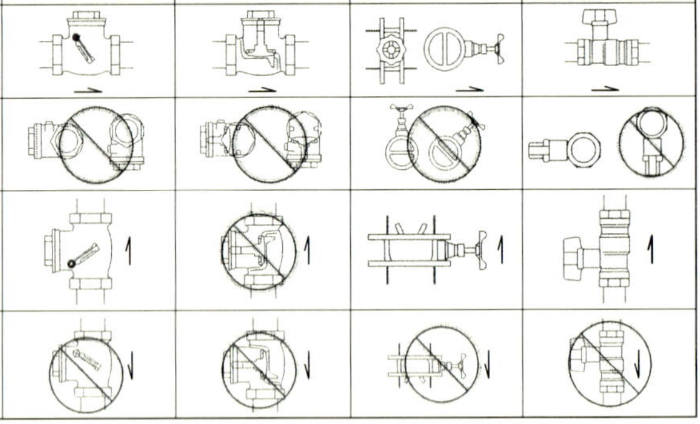

図4-33　バルブの配管取付姿勢制限例抜粋[1)]

(2) 他の止め弁と異なり、逆止め圧力に最低封止可能圧力（差圧）や弁体を開放するための最低開放圧力（差圧）が設けられている場合があるので、確認します。

(3) 逆止め弁はある程度の逆圧が必要で、ごみにも弱いため、逆圧に対してある程度漏れることを事前に想定しておく必要があります。逆止め弁が完全に閉止できることを前提にした配管設計を行ってはなりません。漏れが許容されない場合には止め弁を別に併設します。

(4) 逆止め開閉回数が極端に多いか、または大きな脈動や偏流・渦流をともなうところに使用する場合、止め弁に比べて耐用年数が大幅に低下することがありますので注意が必要です。

4-4 ● 異なる構成のバルブ

（1） ダイヤフラム弁（diaphragm valve）

ダイヤフラム弁とピンチ弁は、ともに図4-2の「［Ⅲ］押しつぶし」て止める構成です。

① ダイヤフラム弁の概要

ダイヤフラム弁は、1929年に英国のP.K.サンダースによって、鉱山での圧縮空気のグランド部からの外漏れを防ぐため、考案されたバルブで、1954年に日本に導入されました。その基本構造は、流体が流れる本体（弁箱）通路と、弁を開閉する機構（駆動部）とを弾性体の隔膜（ダイヤフラム）で完全に隔離しており、バルブの開閉は、ダイヤフラムの動きに連動させています。ダイヤフラムを流体と反対側から動かすことで、流体と駆動部との接液を完全に防いでいます。このため、グランドパッキンは不要です。

図4-34、**4-35**にウェアー式ダイヤフラム弁およびストレート式ダイヤフラム弁を示します。一般的にはウェアー式が多く用いられています。

ダイヤフラム弁の選定は、流体仕様に適した本体（弁箱）および要部（ダイヤフラム）の材料を選ぶことから始まります。本体は大別し、金属本体、樹脂本体、磁器本体、金属本体に樹脂またはゴムをライニングしたものに分けられ、その用途は**表4-3**のとおりです。

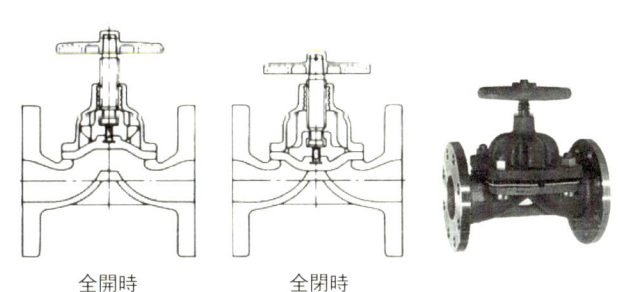

全開時　　　　全閉時
図4-34　ウェアー式ダイヤフラム弁の例[5]

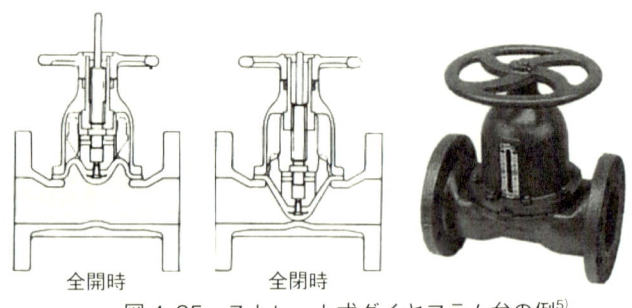

図 4-35　ストレート式ダイヤフラム弁の例[5]

表 4-3　代表的なダイヤフラム弁の本体材料[1]

区　分	材　　料	用　　途
金属本体	ねずみ鋳鉄、ダクタイル鋳鉄	汎用
	ステンレス鋳鋼、チタン	汎用、水処理、化学、サニタリー、半導体
樹脂本体	PVC、PTFE	水処理、半導体
磁器本体	磁器、セラミック	水処理、サニタリー、半導体
金属本体＋ライニング	金属＋ゴム、金属＋PFA、金属＋ETFE、金属＋ガラス	汎用、水処理、化学、サニタリー、半導体

　ダイヤフラムは、ゴム材料とフッ素樹脂材料に分けられます。表 4-3 にダイヤフラム弁に使用される材料の一般的特性を示します。フッ素樹脂ダイヤフラムは純四フッ化エチレン樹脂（PTFE）が焼成されているものが多いですが、ダイヤフラム専用に開発されたフッ素樹脂グレード（NEW-PTFE）も使用されています。

② **ダイヤフラム弁の選び方・使い方**

(1)　腐食性が高い流体やスラリーを含んだ流体に向いているため、化学、半導体、食品・飲料、医療などに利用が広がっています。他の型式のバルブのように弁棒のシールがなく弁棒からの漏れがないことが特長ですが経済性は劣ります。

(2)　ダイヤフラムの材料によりいろいろな使用条件の制限を受けるこ

とがあるので、材料の選定で注意が必要です。
⑶　ダイヤフラム弁の流量特性は悪く、基本的にはオン・オフ弁専用ですが、食品・飲料では連続制御（絞り）にも使われます。流体の圧力、温度、配管の条件により、流体から受ける力でダイヤフラムが変形し、流量特性が変わることがあります。流量特性を事前に特定することは困難ですが絞り弁としての利用は可能。
⑷　低圧用（通常 0.5 MPa 以下程度）の構造であるため、高い圧力には制限を有します。

③　特殊なダイヤフラム弁

汎用弁の世界から見ると、ダイヤフラム弁そのものがどちらかというと特殊な用途に利用されるため、用途に応じて仕様が異なっています。各種ライニングを施したものや、チタンなど特殊な金属としたものなどが販売されています。また、化学や医薬バイオ分野でも広く利用されており「サンプリング弁」としての利用形態もあります。

図 4-36 にサンプリング弁の構造を示します。

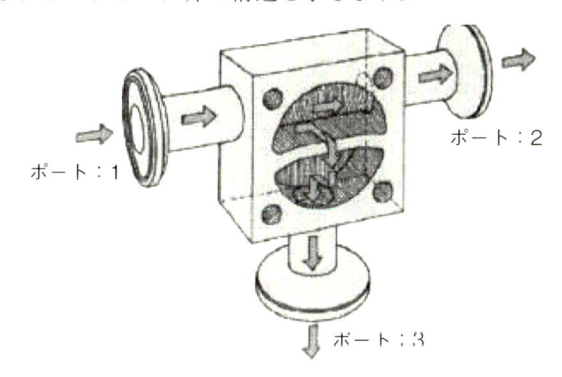

図 4-36　サンプリング弁例[5]

（2）　ピンチ弁（pinch valve）

①　ピンチ弁の概要

ピンチ弁は前項のダイヤフラム弁と同様に可撓性を有する「ゴムパイプ」を押しつぶして（ピンチ、つまむ）封止する図 4-2 の［Ⅲ］の構成

第4章 ● 基本的なバルブ

101

で、いわゆる水道の樹脂ホースを指で押さえてつぶすと水を止めることができることを利用しています。

図 4-37、4-38 にピンチ弁の構造・作動原理を示します。

図 4-37　ピンチ弁構造例（手動操作式）[4]

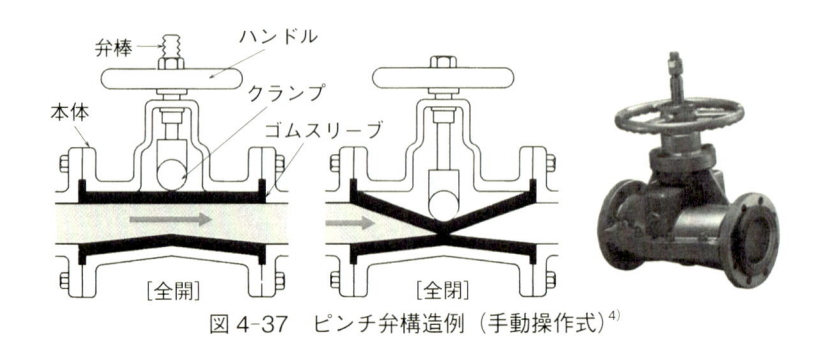

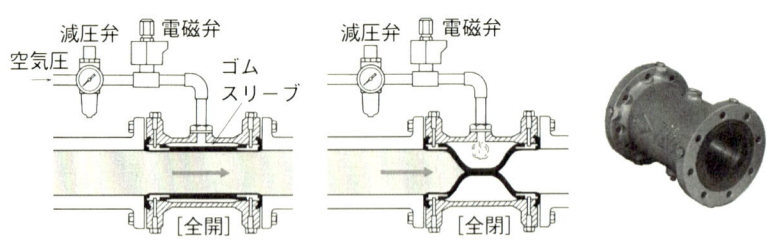

図 4-38　ピンチ弁構造例（空気圧自動操作式）[4]

② ピンチ弁の選び方・使い方

低圧用途や耐久性で使用条件が限定されますので、特殊な用途に限られます。スラリー流体を得意としているので、セメントや汚水などの用途に用いられます。構造的に低い圧力しか使えません。

（3）コック（cock）およびプラグ弁（plug valve）
① コックおよびプラグ弁の概要

コックおよびプラグ弁は、ボール弁と同様、図 4-2 の「［Ⅳ］回転」系に属する構成で、弁体（disc、栓、「そく子」とも呼びます）がボール弁の球と異なり筒またはテーパ（円錐台）形状をしています。

コックについては、コックそのものがバルブ名称ですから「コック弁」とは呼びません。汎用のものを「コック」と、工業用のものを「プラグ弁」と業界では慣用的に名称を使い分けています。

コック（プラグ弁）とは、テーパまたは円筒状の弁座をもつ本体（弁箱）の内部に回転できる弁体（栓）が収まっている流体遮断の機器の総称で、栓を90度またはそれ以下で回転させて開閉を行います。プラグ弁はコックに封止のための潤滑を加えたバルブと定義されていますが、主に工業用途で利用されるコックを称していることが多くあります。

高度成長期以前の汎用バルブはコックの全盛期でしたが、その後ボール弁にその地位を取って代わられ、現在では生産量は少なく限定された用途に限られています。コックは"潤滑油"を用いて封止する構成であるため、油や気体には向いていますが、金属シール面の摺合せが必要で経済性に劣り、水系流体用では潤滑油が不要なボール弁に置き換わったことがコック衰退の大きな要因と思われます。

代表的なコックおよびプラグ弁を図4-39に示します。

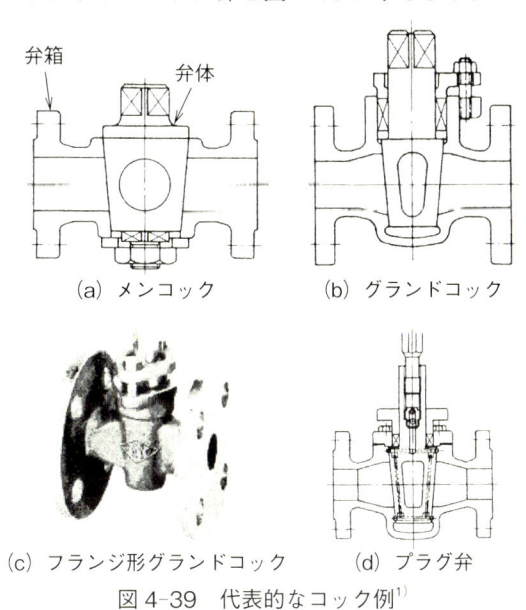

(a) メンコック　　(b) グランドコック

(c) フランジ形グランドコック　　(d) プラグ弁

図4-39　代表的なコック例[1]

② コックの使い方

小形のバルブ・栓では、コック形式のものがまだ多く販売されていて、その代表的なバルブはガスコック栓やメータコック、止水栓（コック式）、容器用コック、ピーコックなどです。

③ 特殊なコック・プラグ弁

PFA 樹脂ライニングを施工した化学工業用途のプラグ弁や前述のガスコック栓、メータコック、止水栓（コック式）、容器用コックなど多種の分野で多くのコックが販売されています。鉄鋼製造用途でコークスガスに利用するプラグ弁もあります。

（4） 方向（流路）切換え弁（3way/4way valve）

方向（流路）切換え弁は「多方口弁」とも呼ばれ、バルブに流出入ポートが3カ所以上設けられているものを指します。弁種としては、ボール弁やコックの適用が多いですが、調節弁などでは玉形弁形式の構造も用いられています。図4-40に三方調節弁の構造を示します。特殊な方向切換え弁では、五方や六方などもあります。多ポート式ボール弁は「4-3節（3）ボール弁」の項の図4-18を参照ください。

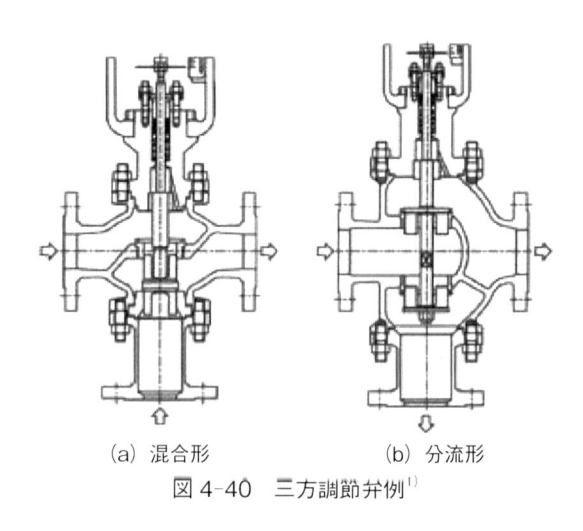

　　　　（a）混合形　　　　　　（b）分流形
　　　　　図 4-40　三方調節弁例[1]

4-5 ● バルブの操作およびオプション

（1） バルブの操作
① 手動弁の開閉装置

手動弁の開閉操作は、通常多回転形のバルブおよびギヤなどの減速装置付きバルブにおいてはハンドル車（ハンドル）で、90度開閉形のバルブにおいてはレバー（または蝶形ハンドル）などで、操作されることが多くあります。これらの構成は、前述の各バルブの種類を参照ください。ハンドルまたはレバーの回転方向は、「時計回り方向＝バルブ閉」を基本としていますが、用途によりこの逆勝手もあります。ハンドルには必ずバルブの開閉方向が明示されています。図4-41にハンドルの形状および表示の例を示します。

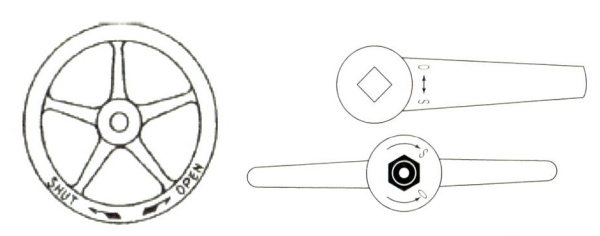

図4-41 ハンドルの形状および表示の例[1)]

② バルブの減速装置

バタフライ弁の項でバルブを操作する減速機（主としてギヤ装置）について記述しましたが、仕切弁、玉形弁、ボール弁なども大形のものや高圧用は、操作トルクが大きくなりますので、ギヤ減速機を搭載して操作を行うことが標準となっている場合が多くあります。

図4-42に仕切弁＋ベベルギヤ操作機、図4-43にボール弁＋ウォームギヤ操作機を示します。

③ 特殊な操作方法
(1) ハンドル位置の延長：操作用プラットフォーム（キャットウォー

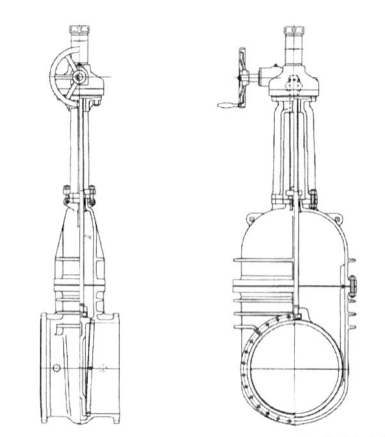

図 4-42　仕切弁＋ベベルギヤ操作機例[1]

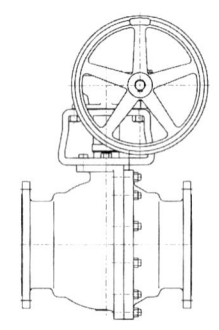

図 4-43　ボール弁＋ウォームギヤ操作機例[1]

　　ク）からバルブが離れた位置や下方にある場合、ハンドル位置を延長・調整してバルブ操作を行います。
(2)　チェイン操作：操作用プラットフォームからバルブが高所にある場合、チェインを利用してバルブ操作を行います。
(3)　開栓器：特に地中に埋設されているピット内のバルブを上方より手動操作する場合に利用します。

図 4-44 にハンドル位置の延長、チェイン操作、開栓器によるバルブ操作を示します。

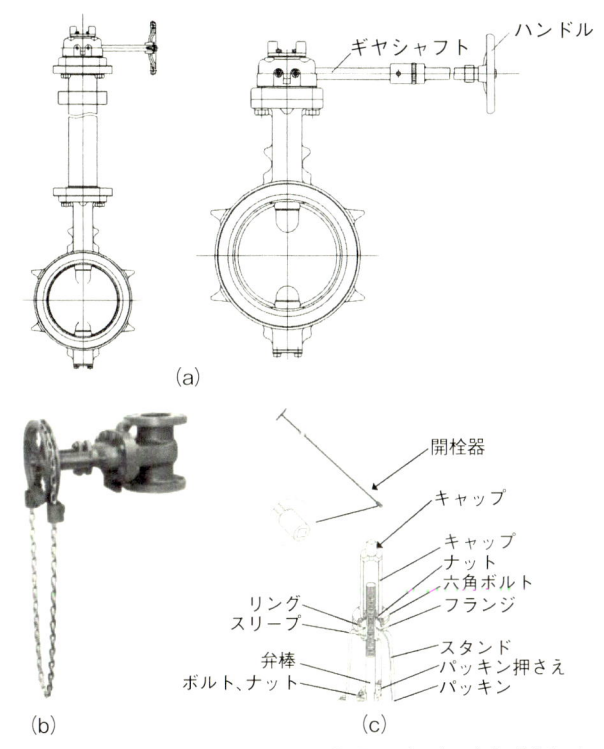

図 4-44　(a)「バタフライ弁ハンドル位置の延長」、(b)「仕切弁チェイン操作」、(c)「水道用バルブの開栓器によるバルブ操作」例[1]

（2）　バルブのオプション

バルブへのユーザー希望によるオプション（特殊仕様付き）も多くあります。以下にその例を示します。

- グランドパッキンやガスケットの指定
- 弁番号や設置場所、バルブの「常時開閉状態」などを示すプレートタグ付き
- 材料指定または禁止（禁銅：銅合金材料の使用禁止など）
- ロングボンネット：低温用または高温用のバルブに要求される断熱のための構成

- 異常昇圧防止：本体内のキャビティ異常昇圧防止構造。バイパス設置や弁体に圧力導通孔を設置
- 帯電防止：可燃性流体において、ソフトシートを用いたボール弁など弁体が帯電する（スパークを発生する）ことを防止する構造。弁体・弁棒と弁箱との間で通電機能を構成

図 4-45 に仕切弁または玉形弁の開度表示装置を示します。

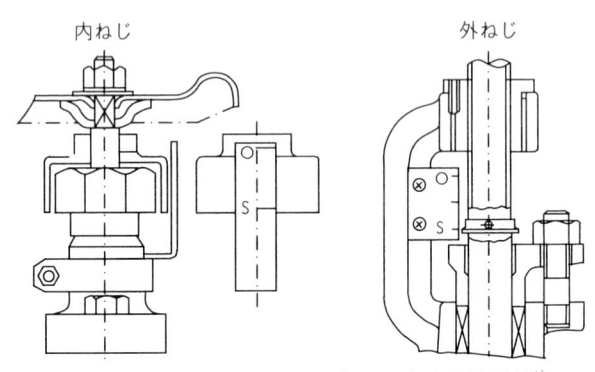

図 4-45　仕切弁または玉形弁の開度表示装置例[1]

- 操作ロック装置：バルブを誤操作できないようにハンドルストッパーを設けたり、チェインで固定したり、施錠を行うなど、各種のロック装置付きが販売されています。図 4-46 に仕切弁または玉形弁およびボール弁のロック装置例を示します。ロック装置には、「施錠」以外に裾で引っかけて誤動作することを防止する「レバーロック式」などもあります。
- 開閉確認用スイッチ付き：バルブの開閉状態を遠隔地で（電気信号で）確認できるようにバルブにリミットスイッチを設けます。図 4-47 にバタフライ弁の開閉確認用スイッチ付き例を示します。
- 防塵用カバー・キャップ　摺動するねじ部などを塵埃から保護する目的でバルブにカバーやキャップを設けます。図 4-48 に仕切弁の防塵用カバー・キャップ付き例を示します。
- 防錆処理：海浜屋外地域などさびやすい環境に設置されるバルブは、

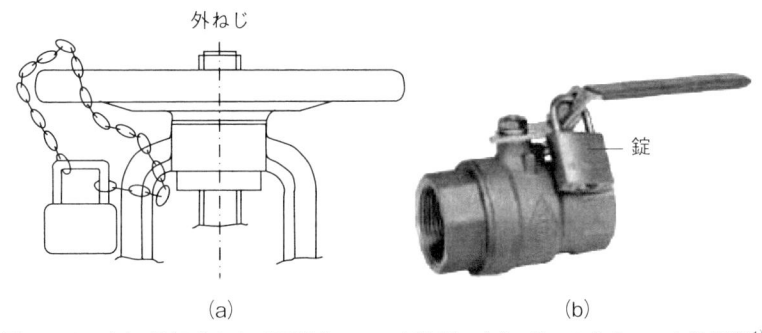

図 4-46 (a) 仕切弁または玉形弁のロック装置、(b) ボール弁のロック装置例[1]

図 4-47 バタフライ弁の開閉確認用スイッチ付き例[1]

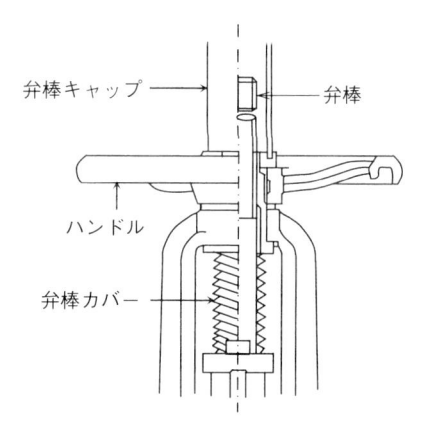

図 4-48 仕切弁の防塵用カバー・キャップ付き例[1]

特殊塗装(重防食塗装)やライニングなどの防錆処理(素地調整仕様などを含む)が要求されることがあります。

鋳鉄製バルブでは、内外表面がさびないように本体をナイロンでライニングした給水用バルブが販売されています。図 4-49 にナイロンライニング鋳鉄製バルブ例を示します。ナイロンライニングの膜厚は約 0.5 mm 程度です。

- 禁油処理:一般的な汎用弁は、シートの噛り付き防止や防食のため、油の塗布が行われています。用途によってバルブ内の油脂分の残存を

図 4-49　ナイロンライニング鋳鉄製バルブ例

嫌う場合は、注文時に「禁油」仕様を指定する必要があります。「禁油」仕様にも流体の種類や洗浄レベルなどによって仕様に対応した実施に"ランク"があるので注意してください。

豆知識　接頭辞とは

"接頭辞"（または接頭語）とは物理量の数値（桁数）が多かったり少なかったりすると読み取りや利用に困難をともなうため、適当な桁数に直して表現するための記号です。数値を扱いやすい桁数に整えるために十の倍量・分量に用い、ミリ〔m〕、センチ〔c〕、ヘクト〔h〕、キロ〔k〕、メガ〔M〕、デシ〔d〕、マイクロ〔μ〕などを単位の頭に付けて表します。最近ではスーパーコンピュータ関連（バイト表現）で 10 の 3 乗倍ごとの接頭辞キロ〔k〕⇒メガ〔M〕⇒ギガ〔G〕⇒テラ〔T〕⇒ペタ〔P〕⇒エクサ〔E〕〔＝京、ケイ〕が話題になっていますね。

天気予報では、それまで用いてきた気圧の単位（〔m bar〕、ミリバール）を SI 単位の"パスカル"に変更する際、桁数を合わせてイメージしやすいように（〔hPa〕、ヘクトパスカル）に決めたのです。

天気の気圧の単位は"hPa"

第5章

自動弁

　本章では、"自動バルブ"と呼ばれるジャンルのバルブを取り上げて具体的に説明します。自動弁の仲間には、電磁弁、電動弁、他力式調節弁、自力式調整弁など多くの要求仕様に合わせた製品が販売されています。近年、ビルや工場、プラント、装置、船舶などの自動制御や省力化・省人化に自動弁が大きく寄与しています。

5-1 ● 遠隔操作弁（電動式、空気圧式、油圧式、水圧式などの流体圧を利用）

　手動操作弁は、操作を人力に頼るため、操作に力を要したり時間が掛かったり設置現場でしか操作できなかったりと制限が多くあります。これを自動化することによって遠隔で、容易に、スピーディに操作でき便利になります。製作サイズは手動の止め弁を有する範囲（10 A ～ 1200 A）は、ほぼ製作が可能です。
　表 5-1 に自動操作機を用いた主なバルブを示します。

表 5-1　自動操作機を用いた主なバルブ[1]

項　目	用　途	よく用いられる自動弁
緊急遮断弁	タンクの元弁 ヘッダの元弁 エアフェイル遮断弁 停電時遮断弁	空気圧式操作弁（単作動形または複作動形＋ボリュームタンクなど）スプリング内蔵形電動操作弁
二段開閉弁	各種産業向けの計量用 ローディングアーム元弁 タンクローリ出荷制御弁 ホッパーおよびタンク出入口弁	空気圧式操作弁 （二段開閉形またはポジショナ付）
インチング操作弁	プロセスラインの流量制御弁 スチームハンマ防止対策	電動操作弁
低速作動弁	プロセスライン切替弁 ウォータハンマ防止対策	電動操作弁
高速作動弁	緊急開閉弁 実験プラント用	空気圧操作弁 ダイヤフラム操作弁
低頻度作動弁	防災ライン消火ライン	電動操作弁
高頻度作動弁	プロセスライン切替弁 水素発生装置用	空気圧操作弁 ダイヤフラム操作弁

ここで、バルブの操作用動力源の必要条件として、
① 容易に入手できること
② 安価なこと

表5-2 空気圧操作機と電動操作機の特徴比較[2]

	要件	空気圧操作機	電動操作機
動力源	種類	圧縮空気（除湿） 0.2〜0.7 MPa	電気 AC100 V、AC200 V、AC400 V、50/60 Hz、DC24 V
	装置	圧縮空気源設備が必要	不要：商用電力使用
操作機	構造	簡単	複雑
	機構	シリンダ式（縦形, 横形） ベーン式 ダイヤフラム式 エアーモータ式	マルチターン形 パートターン形
	配管または配線	やや複雑 （距離、場所の制限を受ける）	簡単 （距離、場所の選択が自由）
操作性	出力	中	大
	信号伝達	遅い （バルブ作動にタイムラグあり） 伝達距離に限界あり （Max 300 m）	速い 伝達距離の限界なし
	負荷による特性変化	あり	ほとんどなし
	連続流量調整	最適	可能
	手動切替え操作	補助機構が必要	可能
	停止位置の保持	補助機構が必要	可能
	過負荷による自動停止	補助機器が必要	可能 （リミットスイッチやトルクスイッチ内蔵）
	開閉時間の調整	補助機器により容易	インチングにより可能
コンピュータとの接続		困難ではあるが不可能ではない	容易
周囲環境（温度、湿度）		ほとんど考慮の必要なし	十分な考慮が必要
危険性		なし（ただし、電気を利用した付属機器を除く）	引火・火花に注意を要す （防爆構造採用）
動力源故障時		若干余裕あり （アキュームレータ付属）	作動不能の危険性あり
コスト		安価	やや高価

第5章●自動弁

③ 取扱いが簡単なこと

などが考えられ、具体的には空気圧、電気、油圧、水圧を用いたバルブ操作機があります。この内、油圧操作機については、操作圧力が空気圧（0.2〜0.7 MPa）に比べて格段に高い（14〜35 MPa）ため、小形のシリンダで高出力が得られますが、反面空気源を最終的に大気へ捨ててしまう空気圧に比べて油を回収する必要がある油圧装置全体のコストが高くつくなどから国内では一部特殊な用途（たとえば、船のバラスト遠隔制御弁用など）には使用されていますが数は多くはありません。また、水圧式は操作機接続部のシリンダや制御回路部品の防錆対策などに難があり、ほとんど使用されていません。

そこで本章では、遠隔操作弁を上記①〜③の条件を満たす「空気圧操作式」と「電動操作式」とに絞り説明します。

空気圧操作機と電動操作機の特徴について**表5-2**に両者の概略的な比較を示します。

（1） 空気圧操作式自動弁（pneumatically operated valve）

① 分 類

空気圧操作機はシリンダ（往復）式、ダイヤフラム（隔膜）式、ベーン（揺動）式、エアーモータ（多回転）式などがあります。この内、シリンダ式、ダイヤフラム式が最も多く使用されており、これらはリニア形弁（仕切弁、玉形弁、ダイヤフラム弁など）用と回転形弁（ボール弁、バタフライ弁、プラグ弁など）用とがあります。ベーン式は回転形弁専用であり、エアーモータ式はリニア形弁や回転形弁用としても使用されています。**図5-1**にシリンダ式操作機の分類を、**図5-2**にダイヤフラム式操作機の分類を示します。**図5-3**にシリンダ式操作機の複作動形と単作動形とを示します。

空気圧式には、複動（バルブの開閉両方向を空気圧で切り替えて操作）と単動（バルブの開閉方向について片側を空気圧で切り替えて、片側を

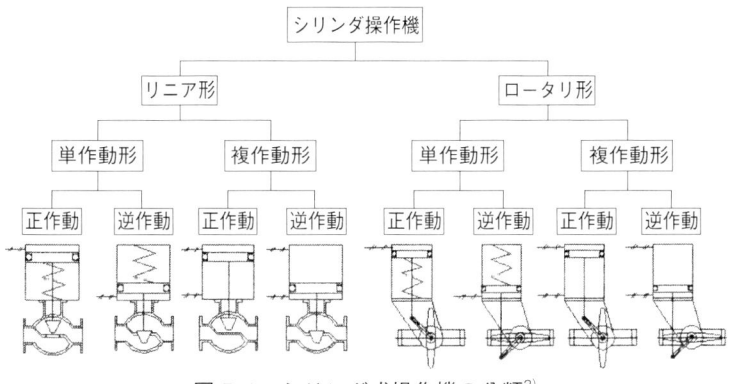

図 5-1　シリンダ式操作機の分類[2]

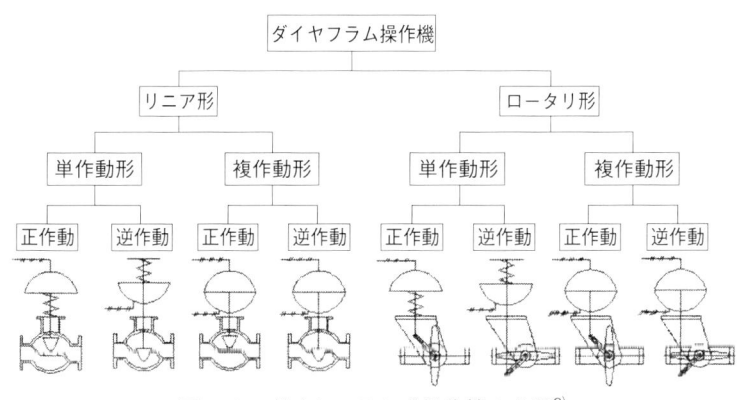

図 5-2　ダイヤフラム式操作機の分類[2]

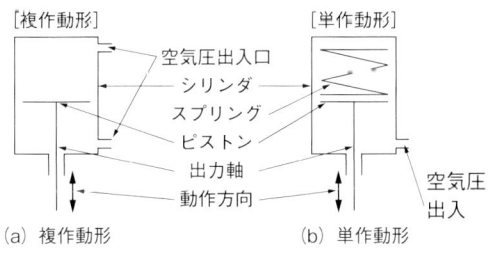

図 5-3　シリンダ式操作機の複作動形と単作動形（詳細）[1]

スプリングなどの機械式で操作）との2方式があります。「スプリングリターン形」と呼ばれる単動タイプは、空気圧がなくなっても所定の開閉位置に自動で復帰するため、安全であり「フェールセーフ型」と呼ばれます。ちなみに、電動操作式にもスプリングリターン形が存在しています。

水や気体などの汎用流体に対して、空気圧式自動バルブは、小口径でボール弁が、中大口径でボール弁およびバタフライ弁が、それぞれ経済的な理由から多く用いられています。

② ロータリ形空気圧シリンダ式操作機

シリンダの空気圧によるピストンの直線動作を回転動作に変換し、そのトルクをバルブの操作力として利用するもので、ボール弁やバタフライ弁、コック（プラグ弁）など90度開閉のロータリ形（またはクォーターターン形）バルブ用として使用されます。操作圧力は0.4〜0.5 MPaが最も多く、高圧タイプは1.0 MPaを越えるものもあります（1.0 MPaを越える空気圧は、"高圧ガス保安法"の対象となります）。シリンダの形状には横形と竪形があり、それぞれ複作動形と単作動形があります。横形シリンダ操作機はトルク変換方式により、スコッチヨーク式とラック・アンド・ピニオン式があります。

(1) スコッチヨーク式シリンダ操作機

ピストンの直線運動を回転運動に変換するスコッチヨーク機構をシリンダに内蔵し、**図 5-4** に示す複作動形と、**図 5-5** に示す単作動形があります。バルブの操作に必要なトルクカーブとマッチした高出力が得られるため、比較的中大口径バルブに利用されます。

③ ラック＆ピニオン式シリンダ操作機

ピストンと一体に設けられたラック（平歯車）の直線運動をピニオン直結の出力軸の回転運動に変換する方式で、**図 5-6** に示す複作動形と、**図 5-7** に示す単作動形があります。コンパクトに設計できるため、比較的小口径のバルブに利用されます。

空気圧操作機をロータリ形バルブに搭載した例を**図 5-8**、**5-9** に示します。

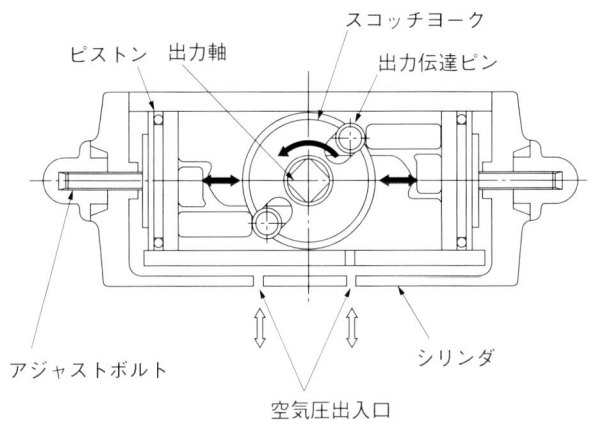

図 5-4　スコッチヨーク式複作動形操作機[1]

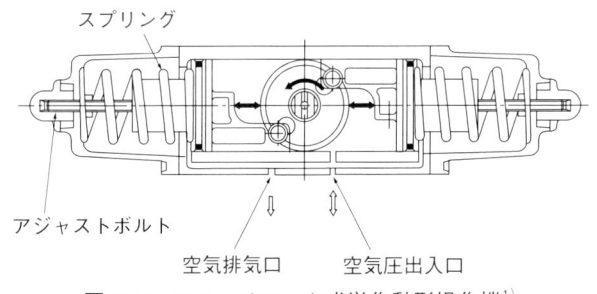

図 5-5　スコッチヨーク式単作動形操作機[1]

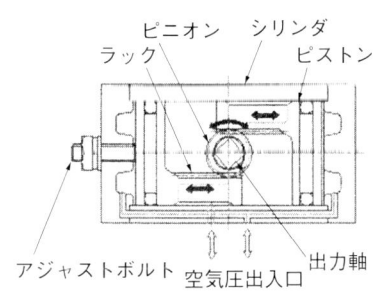

図 5-6　ラック＆ピニオン式複作動形操作機[1]

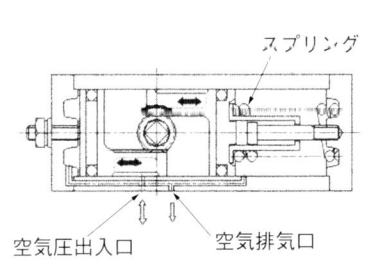

図 5-7　ラック＆ピニオン式単作動形操作機[1]

第5章 ● 自動弁

117

図 5-8　複作動形操作機付きボール弁　　図 5-9　単作動形操作機付きバタフライ弁

豆知識　空気圧機器の空気源標準圧力は、0.4 MPa？

　日本国内の空気圧機器の標準圧力は、ほとんどが 0.4 MPa となっています。この理由は、空気源の元圧力はほとんどが 0.7 ～ 0.9 MPa（1.0 MPa 未満は、高圧ガス保安法の対象外）に設定されています。

　空気圧は工場内でかなり遠方まで配管されますし"たこ足（分岐の連続）"となっているため、他の場所で使用されますと圧力が低下します。このため、これらのことを見越して「空気圧機器への空気源圧力は、末端でも"0.4 MPa"は残るだろう」との考えから決定されています。

　ちなみに欧州では、空気圧機器の標準圧力が 0.5 MPa に設定されているものもあるため、事前に使用条件をよく確認してください。

標準圧力 0.4MPa
最大圧力 0.7MPa

118

④ 空気圧付属機器（空気圧補器）

　自動弁に使用される空気圧付属機器は、直接操作機に取付けられるものと周辺に取付けられるものとがあり、パネル内にまとめて設置される場合もあります。これらの適正な選定は、自動弁の性能、特性、精度、安全運転などに大きな影響を与えることから非常に重要です。ただし、付属機器を取付けることにより、それぞれの性能確認やメンテナンスなどにかかる作業が増加することや、故障率が上がることも考え、必要最小限の使用に留めるべきです。

　空気圧操作機の付属機器は、それぞれ重要な役目を持っていますが、本章では流体制御用のバルブそのものではないため詳細な説明は省きます。図 5-10 に空気圧操作機の付属機器の役目と名称を示します。空気圧操作機そのものは、電気を利用していないので"防爆"ですが、シリ

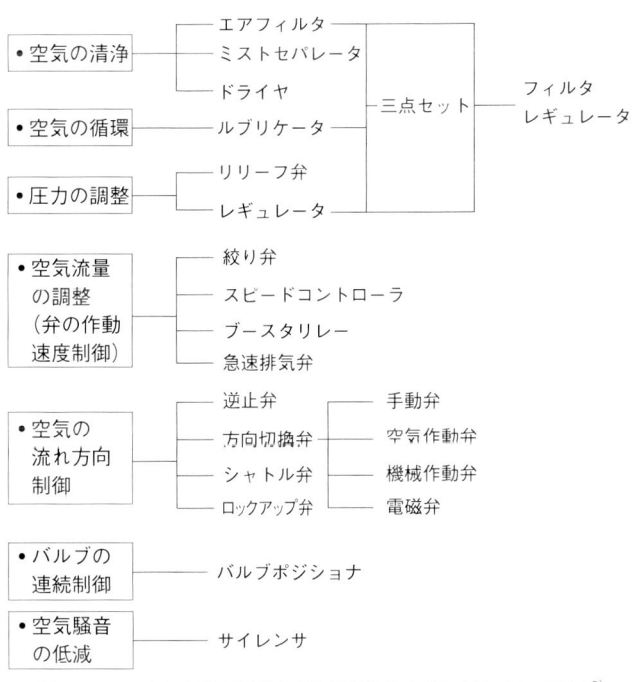

役目	名称	
・空気の清浄	エアフィルタ／ミストセパレータ／ドライヤ	三点セット → フィルタレギュレータ
・空気の循環	ルブリケータ	
・圧力の調整	リリーフ弁／レギュレータ	
・空気流量の調整（弁の作動速度制御）	絞り弁／スピードコントローラ／ブースタリレー／急速排気弁	
・空気の流れ方向制御	逆止弁／方向切換弁／シャトル弁／ロックアップ弁	手動弁／空気作動弁／機械作動弁／電磁弁
・バルブの連続制御	バルブポジショナ	
・空気騒音の低減	サイレンサ	

図 5-10　空気圧操作機の付属機器の大別（役目と名称）[2]

ンダ作動用の付属機器の電磁切換弁やポジショナなどは電気を利用する場合もありますので、防爆仕様選定には注意しなければなりません。

空気圧操作機そのものの開閉時間は、固有機器で決まっていますがスピードコントローラの利用で遅く、また急速排気弁の利用で多少早くすることが可能です。

（2） 電動操作式自動弁（electrically motor operated valve）

電動式操作弁（操作機）は、表5-2で示したように、一般に減速機構などの構造が複雑となり、電気部品を備えているため、空気圧式と比べると経済性や耐久性がやや劣るという問題や、開閉速度が空気圧に比べて遅いことがあります。また"防爆"への対応が必要な場合もあり、空気圧式操作機に比べて使用し難い点がありました。しかし、空気圧源が確保し難い工場やビル設備の動力室などでは、モータおよび電子部品の大幅な改善やコストダウンも相まって電動操作機（付きバルブ）が多用されるようになりました。

空気圧式と同様に、バルブの構造に応じてリニア形（マルチターン）とロータリ形（パートターンまたはクォーターターン）があります。

図5-11、5-12にリニア形とロータリ形の電動操作弁の構造を示します。

① 電動操作機の基本構造と構成

電動操作機を構成する主なパーツは、電源接続部、電動モータ、減速機構、出力軸、制御用電気部品（基盤）、開度表示部品、手動操作機構などで、これらを1つのケーシングにまとめたものが電動操作機です。

② 電動操作機の種類と用途

電動操作機の電源には直流と交流とがあり、交流には単相（AC100/200 V）と三相（AC200/400 V）とがあります。一般に直流（DC12/24 V）を用いるケースは、車両や船舶に搭載するバルブを操作する場合や、緊急時にバルブを操作する非常電源用途などに使用されることが多くあります。また、交流の単相電源を用いるケースは、比較的小口

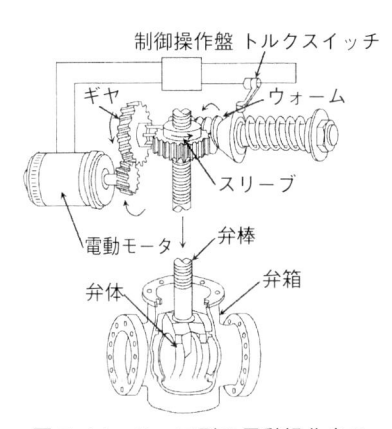

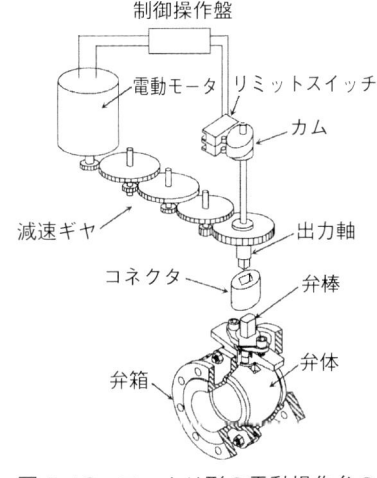

図5-11 リニア形の電動操作弁の構造[1)]

図5-12 ロータリ形の電動操作弁の構造[1)]

径のロータリ形弁(ボール弁、バタフライ弁)用の操作機に多用されます。

単相電源を用いた操作機は、一般に構造がシンプルで小形、軽量化が可能なためコスト的にも安価に製作できます。一方、交流三相電源を用いた操作機は、高機能用、または大口径バルブの高出力用として使用されることが多くあります。口径が大きくなるとバルブを操作する駆動力も大きなものが必要とされるため、三相電源を用いて、かつ電圧も200 V以上の高電圧を用いることが一般的です。なお、単相交流200 Vは、操作機の使用電力が小さく他の設備への影響を与えない（位相を崩さない）場合には三相交流電源から取得することも可能です。

バルブを作動する機構の種類として、リニア・マルチターン形とロータリ・パートターン形があります。

(1) リニア・マルチターン形電動操作機

電動モータの動力伝達構造は、各メーカーによって異なりますが、構成は、図5-11に示すように一対のギヤと一対のウォームギヤおよび、スリーブ、スイッチ、から成り立っています。モータの動力はギヤ、スリーブを介して弁棒を上下に動作させます。弁体が所定の位置に到達する

と、リミットスイッチが働きモータが停止します。トルクスイッチは、弁棒に所定以上の力がかかった時（弁座への異物噛み込みなど）に働き、操作機モータを焼損させないための保護装置です。リニア・マルチターン形操作機が搭載されるバルブは弁体が直線運動をする玉形弁や仕切弁、ダイヤフラム弁などです。なお、一般的に弁体の閉止位置停止は、仕切弁は"リミットスイッチ（位置切り）"で行いますが、玉形弁は"トルクスイッチ（力切り）"で行います。また、開側はバックシート保護のため必ず"位

図 5-13　電動操作機付き仕切弁外観例

豆知識
商用交流電源の周波数

　日本国内では、大井川（静岡県）〜糸魚川（新潟県）の縦ラインを境に地域により交流電源は周波数が異なります（東 50 Hz/ 西 60 Hz）。これは発電機が導入された明治黎明期にドイツ AEG 製とアメリカ GE 製 2 つの水力発電機が用いられたことによります。以降、国内の東西で周波数が分かれてしまったのです。現在では電機機器の進歩で双方を違和感なく利用することができますが、電動弁の操作時間や出力トルクなど微妙に両者は異なる場合があることを忘れてはいけません。

置切り"とします。図 5-13 に電動操作機付仕切弁の外観例を示します。

(2) ロータリ・パートターン形電動操作機

電動モータの動力伝達構造は、減速ギヤを介してトルクを増加させ出力軸に伝達されます。出力軸はコネクタによってバルブ弁棒に接続されています。出力軸が 90°回転すると、出力軸に取り付けられたカムがリミットスイッチの接点を開き、電源回路が遮断されてモータが停止します（図 5-14、5-15 参照）。ロータリ・パートターン形操作機が搭載されるバルブは、ボール弁、バタフライ弁、コック（プラグ弁）などです。

図 5-14　電動操作機付きボール弁外観例　　図 5-15　電動操作機付きバタフライ弁外観例

(3) 電動操作機の付属品

電動操作機も単体では使用目的に合った仕事をさせることはできません。この操作機も空気圧操作機と同様に、さまざまな付属品があります。主な付属品を以下に説明します。

(a) リミットスイッチ

操作機に取り付けられたバルブが、所定の開度または位置に達したときに、機械的な接点信号を出して電気回路と通じて、モータを制御するために用います。モータを制御の他、バルブの開閉状態信号を出したり、中間開度位置に配して信号を出したりにも利用します。

リニア・マルチターン形とロータリ・パートターン形では細かい箇所は異なりますが、図 5-12 のロータリ・パートターン形の場合は、モータ

の力が減速ギヤを介して、出力軸に取付けられているカムが所定の位置に達した時に、マイクロスイッチに作用して、接点信号を出します。利用する電圧が低い場合は、"金"接点仕様を利用します。

(b) スペースヒータ

バルブに冷却水などを流したり、屋外で放射冷却されたりした場合、操作機のケース内の空気が冷やされ、相対湿度が高くなり内部結露して水滴が発生することがあります（操作機は、"呼吸"するため、屋内防滴型であっても内部結露する場合があります）。その結果、ケース内の電装部品に水が付着しトラブル発生の原因となります。

スペースヒータは、このようなトラブルを防止するために、ケース内の温度を一定の温度以下にならないようにするために用います。また、寒冷地で使用する場合は、ケース内の温度が下がり過ぎると、潤滑油やグリースなどが温度の影響を受けて正常な動作を妨げるため、ケース内の温度を一定に保つ目的でも用います。

スペースヒータは、発熱抵抗体（ホーロ抵抗やセメント抵抗等）に電流を流すと抵抗により抵抗体が発熱しますが、この熱を保温に利用したものです。この場合、操作機内の空間や外部環境に合わせて適正な発熱容量を決めてスペースヒータの発熱容量をそれに見合うものにすることが必要です。スペースヒータは、常時通電しておくことが必要です。

(c) トルクスイッチ

電動操作機の駆動力が設定トルク値になった時に働くスイッチで、玉形弁や仕切弁などトルク封止に必要なトルク値に調整設定します。また、バルブが作動中に弁体が異物などを噛み込むと大きな力を要するため、この検知（操作機の安全保護装置）にも利用します。

トルクスイッチは、操作機の出力が一定以上になった時に、ばねなどを利用しトルクスイッチが過負荷を検知して操作機を停止させます（図5-11参照）。

(d) ポテンショメータ（可変抵抗器）

バルブの任意の開度を遠隔で確認する場合や、流量制御する場合の

フィードバック信号を得るのに用います。

一般にポテンショメータの抵抗値は 0～135 Ω や 0～500 Ω などが用いられることが多くあります。弁開度が任意の開度にある時の抵抗値を測定して、バルブの開度を得ます。

(e) R/I 変換器

ポテンショメータで得られた弁開度の抵抗値〔Ω〕を電流値（I）に変換する機器です。

ポテンショメータの抵抗値（0～135 Ω）だけでは、直接バルブの開度を読取る（電気信号を発信する）ことはできないため、抵抗値を電流（4～20 mA）に信号変換して発信します。

(f) 開度受信器

R/I 変換器から得られた電流信号を、実際の開度表示をするための機器です。

(g) サーマルプロテクタ

バルブが異物を噛み込んだり、バルブの開閉頻度が過度になったりした場合、モータのコイルが発熱します。このような場合に、モータを焼付きから護るために働く保護装置です。バイメタル（2つの熱膨張係数の異なる金属板を張り合わせ）で、温度変化が生じた場合、両金属板の極率が変化するため、金属板が変形します。

この性質をスイッチの接点に利用することで温度変化によるオン・オフ機能が得られます。

(h) 噛み込み対策装置

バルブが異物を噛み込んで閉止動作が不能になった場合、いったん開方向へ戻したり、異常信号を出力したりする安全確保上の付属仕様です。

④ 操　作

電動操作機そのものの開閉時間は、固有機器で決まっていて早くすることはできません。電源投入を「連続」ではなく「細切れ」通電とする"インチング"という操作で開閉時間（特に閉まりかけの微調整）を遅くすることが可能です。

5-2 ● 電磁弁（直動式、パイロット式）

（1）概　要

　電磁弁（「ソレノイドバルブ（solenoid valve）」ともいいます）とは、電気的駆動弁の一種です（**図 5-16**）。電磁石（ソレノイド）の磁力を用いて「プランジャ」と呼ばれる可動鉄心を吸引（吸い上げる）することで弁を開閉する仕組みを持つもので、配管の流れの開閉制御（遠隔制御弁の1つ）に用いられます。

　電動機（モータ）で駆動する電動弁に比べ、電磁弁は応答速度が速いことが特長で、ソレノイドの種類により数 10 ms で動作することもできます。また、動作原理上、全開か全閉のいずれかの状態しか保持することができない ON-OFF 弁です。ただし、電磁弁構造の調節弁（連続制御）も存在しています。

　経済性が高いため、電気的駆動弁のうち約8割は電磁弁であり、さまざまな用途に合わせた電磁弁が開発、製造されています。ただし、サイズは呼び径 50 A 以下の小口径に限定されます。

　私たちの身近では、全自動洗濯機や都市ガスなどに用いられています。また、家庭用以外にも自動車、石油・化学工場、原子力や宇宙ロケット関連に至るまで幅広い産業で使われています。

　簡単に用途や構造によって分類します。一般的には流体の種類と電磁弁の構造で分けることができます。

　流体の種類では、
- 水　用
- 蒸気用
- 真空用
- 都市ガスや LP ガス用
- 油　用（シリンダ駆動用）[※]

図 5-16　電磁弁の外観例[3]

- 空気用（シリンダ駆動用）※

  ※ 本書では、油圧・空気圧制御用途を除くため、汎用の水用、および蒸気用のみ説明します。

　それぞれの特徴を持った構造の電磁弁が製品化されていますが、構造的に明確な違いがあるわけではなく、用途に応じた素材や形状が採用されている場合が多くあります。

　構造で分類する場合は、どの部分に着目するかによりいくつかに分類できます。一例として電磁弁は切換弁や方向制御弁と呼ばれることがありますが、これは流れる方向や経路により以下に分類できます。

　二方弁、三方弁、四方弁、五方弁があり、五方弁は用途が四方弁と同じであるため、四方弁として扱われることが多くあります。そして、それぞれの構造においてマニュアルリセット形、瞬時通電形などがあります。ソレノイドの保護構造には屋外形、防塵形、防爆形などがあり、これらは交流用か直流用によってまた分類されます。

（2）　種類・構造・作動原理

① ソレノイドの定格

(1) 電　源

　電源は、交流（AC）と直流（DC）の2種類があり、一般的には交流電源が使用されています。しかし、近年ではコンピュータなどの集中管理システムの普及や非常電源接続などにより直流電源を使用する設備も多くなってきています。交流電源用電磁弁の特徴は、

- 直流用に比べて動作時間が早い
- 正極（＋）負極（－）の区別がない
- 周波数が50 Hzまたは60 Hzの2種類

です。共用できるソレノイドであれば問題ありませんが、周波数が指定されている場合は、間違って使用するとコイル焼損や吸引力不足でバルブが正常に作動しないことがあるので注意を要します。また、電源を入れた瞬間に流れる起動突入電流（比較的大きな値）と可動鉄心が吸着し

第5章● 自動弁

た後に流れる励磁電流（小さな値）があります。連続定格のソレノイドであっても起動電流が連続して流れるような状態になると、コイルの焼損につながるので、異物の混入などによる摺動部のスティックを防止するメンテナンスが必要となります。

　直流電源用の電磁弁の特徴は、
- 交流用に比べて動作時間が遅い。
- 正極（＋）負極（－）の区別のものがあり、結線に注意を要します。

(2) 仕　様

　電磁弁の要求仕様には、下記の諸元がありますので、選定時には仕様が合致しているか確認することが必要です。
- ソレノイドの時間定格：連続して通電できる時間を表します（"連続定格"のほか、使用条件に応じて、1時間定格、15分定格、10分定格、5分定格があります）
- ソレノイドコイルの最高許容温度（耐熱クラスA種105℃からH種180℃があります）
- ソレノイドの保護構造とIP等級（一般的に屋外防滴型としてはIP55を選びます）
- 防爆構造の種類と等級（「耐圧防爆構造」として国内規格でd2G4が採用されますが、最近では外国規格が良く用いられます）
- ソレノイドの形式（主にプランジャ形とコア形との2種類に分かれます）

(3) バルブ動作方式

　電磁弁の動作方式には大別すると直動式とパイロット弁式との2通りです。また、詳細な構成は以下のとおりです。

　① 直動式（ソレノイドオペレート式）…プランジャに弁体が直接接続されている構成（図5-17）
- ソレノイドオペレート式
- ソレノイドオペレート・バランススプール式

　② パイロット弁式…パイロットラインに設けた小さな電磁弁の開閉

弁閉　　　　　弁開　　　コイルに電気を通す

プランジャ
コイル
バネ
ディスク
ホンタイ

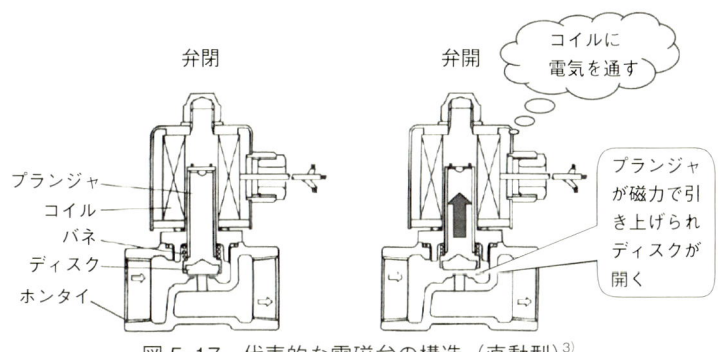

プランジャが磁力で引き上げられディスクが開く

図 5-17　代表的な電磁弁の構造（直動型）[3]

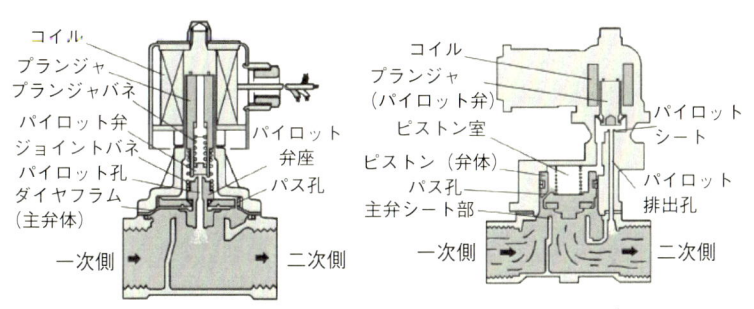

コイル
プランジャ
プランジャバネ
パイロット弁ジョイントバネ
パイロット孔
ダイヤフラム
（主弁体）
パイロット弁座
バス孔
一次側　二次側

コイル
プランジャ（パイロット弁）
ピストン室
ピストン（弁体）
バス孔
主弁シート部
パイロットシート
パイロット排出孔
一次側　二次側

図 5-18　代表的な電磁弁の構造（パイロット型）[3]

を利用して元弁を駆動させる構成（**図 5-18**）

- パックレス・インナーバイパス弁式
- パックド・インナーバイパス弁式
- パイロットオペレート式

(4)　使い方

(a)　故障の第一原因

電磁弁の故障の第一原因は設置時のシール剤、シールテープなどの混入およびメンテナンス不良に起因する作動不良やパッキンからの流体漏れがほとんどです。したがって、これに対する予防処置または対策としては、適切なフィルタ（ストレーナ）の設置や設置時の的確な清掃および定期的なメンテナンスが必要です。その箇所や周期などは「取扱説明

書」や「メンテナンス要領書」に記載されているのでその内容に従って行うことが大切です。

(b) 電圧変動率および電圧降下

電磁弁に供給される電圧はある幅をもって変動します。また、電路での電圧降下が発生するため電磁弁側での電圧の変動許容値を各メーカーでは規定しています。たとえば±10％、が多く規定されており、プラスを超えると発熱によりコイル焼損の要因となり、マイナスを下回ると吸引力低下をまねき作動不良の要因となります。

(c) サージ対策

ソレノイドが励磁状態から非励磁状態になるときには逆起電力（サージ）が発生して、同系統に連なる機器や素子の故障の要因となるため、バリスタ素子などを付属するなどの対策が講じられています。いずれにしても事故を未然に防止し、安全性をより向上させるため、メーカーは品質向上、ユーザーは使用機器の特性理解と適切なメンテナンスを実施することが重要です。

豆知識

玉形弁は、なぜ下から上に流すのか

この理由は、この流れ方のほうが圧力損失がやや少ない、流れがスムーズ、一般的に二次側の方が一次側に比べ圧力が低いため、パッキンなどに負荷をかけない、ことが考えられますが、必ずしも画一的に決まっているわけではありません。

自動開閉弁の場合、上から下へ流すと操作機の出力が小さく経済的になる場合もあります。

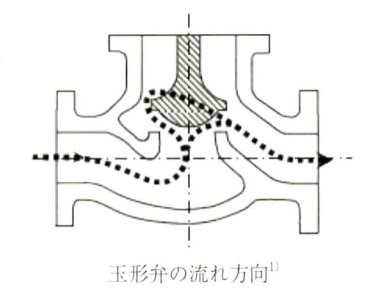

玉形弁の流れ方向[1]

5-3 ● 他力式調節弁
　　　（コントロールバルブ）

（1） 概　要
① 調節弁の歴史と原理

　調節弁（control valve）の概念は18世紀末にイギリスのジェームス・ワットが発明し実用化した蒸気機関用遠心調速機の可動ステム形調整弁が起源であるといわれています。その後19世紀には、まだ産業の規模は小さく、扱う圧力・温度も比較的低位であり、サイズもある程度に限定されていたのでガバナー（燃焼ガス用の流量調整器）や自力式圧力調整弁などが多用され発達してきました。しかし、20世紀に至ると石油産業やガス産業あるいは大規模な電力産業などが発達する過程で、プラントは高機能化・大形化・高圧化・高温化し、そのためにいわゆる自動制御の概念が発達し実践されました。1920年代に現在数多く使用されているダイヤフラム作動式調節弁の原型が開発され、その後石油精製プラントを中心に大量の調節弁が採用され始めました。

　一方、わが国では1936年に初めて調節弁（トップ＆ボトムガイド形複座調節弁）が国産化され、当時の日本石油/秋田製油所に納入されました。これを基点として国内バルブ工業界での独自技術による「工業プロセス用調節弁」生産の歴史が始まったといわれています。その後の各種産業の高度成長にともない、急速に拡大した自動制御用途に適応するように、調節弁は多様な形式・高温・低温・高圧力・高差圧・大流量・微小流量などの要求仕様に対応すべく設計仕様は拡大しました。さらに、特殊材料あるいはその組み合わせなど多岐にわたる発展を遂げてきました。

　図5-19に調節弁の圧力制御例を示

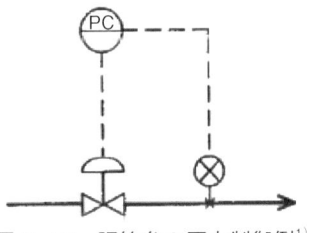

図 5-19　調節弁の圧力制御例[1]

します。

② 調節弁の位置づけ

調節弁はプロセス制御装置の、いわゆる「操作部（操作端とも呼ぶ）」として機能します。

いずれの形式の調節弁も本質的には可変絞り機構（絞り弁）として機能し、"流量"のみを調整しますが、制御"結果"としてプロセス・プラント管路システムの圧力・温度・流量・液位などを"連続"調節するものです。

調節弁そのものは、あくまで操作端として上位計装の指示に従って従属して動作を行うものですが、たとえば、現状値の計測（センサ）⇒目標値との乖離偏差判断（調節計）⇒調節量（バルブ開度）の指示（ポジショナ）⇒流量調節作動（バルブ）⇒現状値の確認（センサ）、というフィードバック制御ループに組み込まれて利用されます。このため、調節弁を説明するためには、この上位技術である"制御（計装）"技術を詳しく説明しなければならないのですが、これは専門の書籍が何冊も発行されているとおりの広く深い技術になりますので、本書では割愛し操作端末としての「調節弁」のみを説明します。

③ 調節弁の規格

調節弁は調節部（計）からの電気信号を受け現場にあって動作するので国際電気標準会議（IEC：International Electrotechnical Commission）TC65/SC65B/WG9 の中でその技術的側面が議論され規定されています。現時点では9個のパートからなる18本の規格で構成されていて、その技術的内容は相当に高度です。中には接続配管系との干渉や広範囲の粘性補正を考慮しての繰り返し収束計算アルゴリズム、亜音速流・遷音速流・超音速流それぞれについての流れの構造と流体基礎式の理解および配管屈曲振動やモード解析、音響工学、キャビテーション初生・臨界・閉塞・流量閉塞（チョーク）といった流れの発達段階の把握など難しい技術範囲が含まれています。したがって、調節弁の選定に際しては、ユーザーはメーカーとのきめ細かな取り決め・打ち合わせが必要になります。

（2） 調節弁の種類と特徴、構造
① 種類と特徴

調節弁は、プロセス制御において調節部からの信号に応じて、バルブの操作に必要な補助動力を受け、バルブ内の流量特性をもつプラグ（弁体）の位置を変化させ流量を調節します。制御対象により前出の流量調節、圧力調節、温度調節、液位調節などに用いられ、"設定値"を自在に変更することができ、基本的に設定値が固定されている自力式の調整弁に比べより高度でフレキシブルかつ精密な調節が可能です。

調節弁は、流体を制御する本体部とプラグの位置を操作する駆動部とから成り、駆動部を操作する補助動力源には空気圧、電気、油圧が用いられます。調節弁の駆動部は空気圧式駆動部が最も多く使用されています。

空気式には「遠隔操作弁」項で示しましたダイヤフラム式駆動部（図5-2）とシリンダ式駆動部（図5-1）とがあり、その他、電動式駆動部、油圧式駆動部があります。

調節弁には、（空気圧制御）付属機器として連続制御を行うための「バルブポジショナ」が取り付けられます。バルブポジショナは、入力信号（設定値）に対するバルブトラベル（開度）のリニヤリティ、ヒステリシスなどの弁特性を改善できるものもあります。また、電気信号から空気信号への変換の役割も果たします。

ダイヤフラム式は、シリンダ式に比べて繊細な制御ができる特長がありますが、ダイヤフラムの耐久性などが劣る欠点もあります。

調節弁による制御例を図5-20に示します。

② 調節弁の本体部構造

代表的な調節弁として利用される「単座グローブ形」調節弁の構造と各部の名称を図5-21に示します。単座グローブ形調節弁の本体部は、流体の隔壁となるボディとボンネット、流量を制御するプラグとシートリングなどで構成されます。駆動部からの操作力をステムに伝達しプラグを開閉します。調節弁は、操作軸の動きにより直線運動形（リニア形）

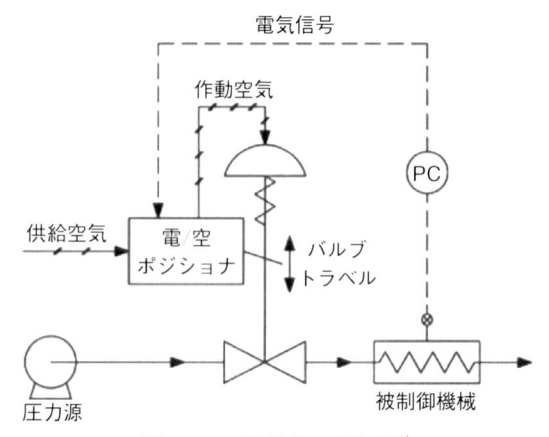

図 5-20　調節弁の制御例[1]

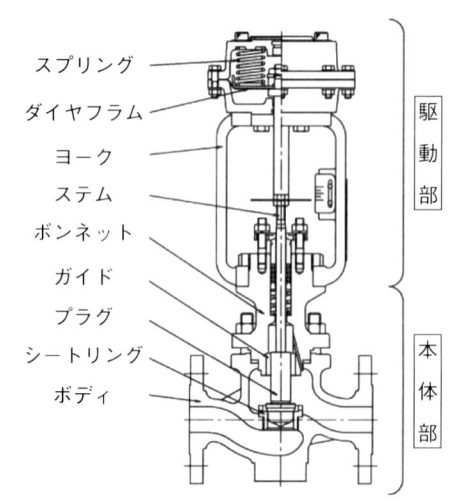

図 5-21　調節弁の構造と各部の名称例[1]

と回転運動形（ロータリ形またはクォーターターン形）に大きく分類されます。直線運動形にはグローブ弁、三方弁、アングル弁、ダイヤフラム弁などがあります。回転運動形にはバタフライ弁、ボール弁、偏心式プラグ弁などがあります。

(1) グローブ弁（玉形弁）

単座弁、複座弁、ケージ弁の形状を図 5-22 に示します。

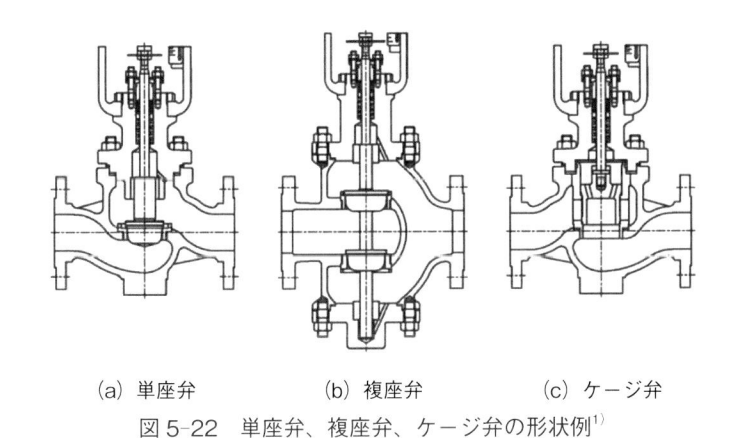

(a) 単座弁　　　(b) 複座弁　　　(c) ケージ弁
図 5-22　単座弁、複座弁、ケージ弁の形状例[1]

　グローブ弁は、第4章の基本的なバルブ（手動弁）の玉形弁で説明しましたバルブシート面に対してプラグが直角方向に動き、入口と出口の流路がＳ字形で球状のボディ形状となる形式のバルブです。グローブ弁は、流路がＳ字形でバルブ内部での流れの方向が激しく変わるため、全開時の流体抵抗は大きいのですが、高い圧力損失を付加する絞り状態の流量調節には適しています。

(2) 単座弁

　バルブシートが1つの調節弁で、全閉時の弁座漏れ量が少なく、バルブ前後の差圧によりプラグに不平衡力が働くため、高差圧の場合では大きな出力の駆動部が必要となります。

(3) 複座弁

　複座弁は、バルブシートが2つある調節弁で、一般に大形弁または差圧が大きい場合に使用されます。前述の単座形では、プラグに働く不平衡力が大きくなるので、プラグを上下2つにして不平衡力を少なくしています。このため、出力の小さな駆動部でも使用できる長所があります。バルブシートが2つあることで、両方のバルブシートを同時に密着させ

ることは困難なため、弁座漏れが多く許容する必要があります。

(4) ケージ弁

調節弁で流体を絞るとき、流量制御特性の改善と、いろいろな問題が生じ対策が必要になります。

ケージ弁は、ボディ内に中空円筒のケージが入り、プラグが上下することでケージの円筒周面に設けた流路の面積を変化させます。この流路の形状や大きさで流量特性をもたせています。また、振動、騒音、キャビテーションなどの影響を軽減します。プラグには上下の圧力の均衡をとる孔が設けられ、プラグに働く不平衡力を少なくしています。高温、高差圧など厳しい条件や大形弁に適していますが、スラッジを含む流体に対しては適しません。ケージ弁にも単座と複座があり、多孔形やパイロット形などがあります。**図 5-23** にケージ弁の種類と構造例を示します。

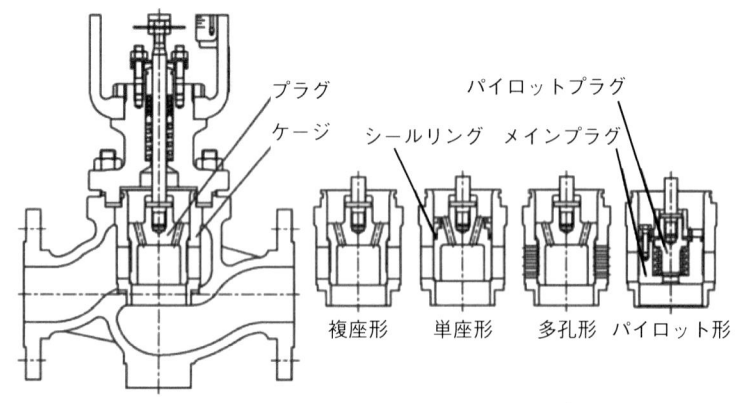

図 5-23　ケージ弁の種類と構造例[1]

(5) 三方調節弁

三方調節弁は、1台のバルブで流体を混合、または分流する用途に使用します。混合形と分流形とがあります。**図 5-24** に三方調節弁の構造を示します。

(6) その他の形式の調節弁

リニア形には、アングル弁（玉形弁）、ダイヤフラム弁などが、回転運

混合形　　　分流形

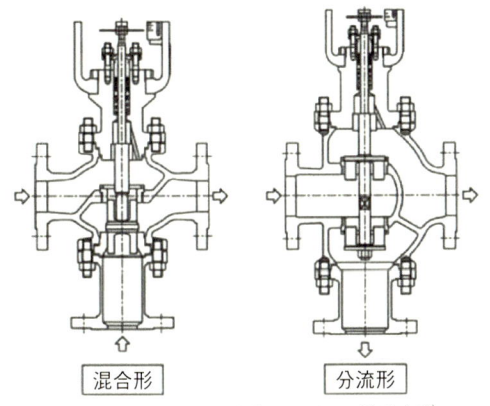

図 5-24　三方調節弁の種類と構造例[1]

動形には、バタフライ弁、ボール弁、偏心式プラグ弁などがあります。
　図 5-25 にこれらの調節弁の構造を示します。用途や流体条件などによりいろいろな調節弁が製作されています。

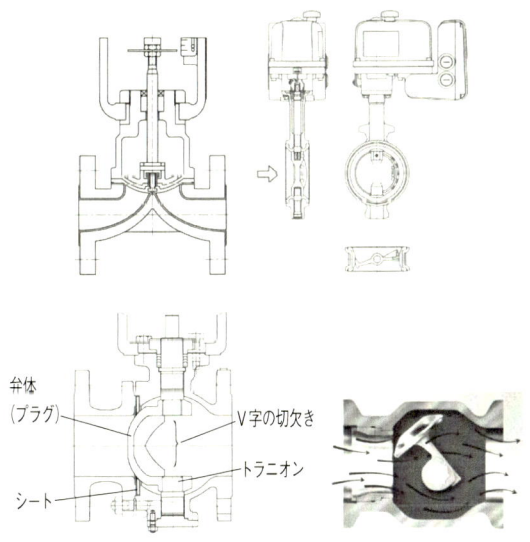

弁体
(プラグ)
V字の切欠き
トラニオン
シート

図 5-25　調節弁（ダイヤフラム弁、バタフライ弁、Vカットボール弁、偏心式プラグ弁）[1]

③ ポジショナ（バルブポジショナ）

ポジショナは、コントローラ（調節計：調節弁に開度信号を指示する）からの入力信号を受け、これを力または変位に変換し、パイロットバルブ（または電気回路）を作動させ、信号に比例したバルブの開度位置を得ることができるようにするバルブ補器です（図5-20参照）。

空気圧操作を行うとき信号が空気圧信号（通常 0.02 ～ 0.1 MPa）を受け取る場合「空/空ポジショナ」と、信号が電気信号（通常 DC 4 ～ 20 mA）を受け取る場合「電/空ポジショナ」と呼んでいます。電気操作を行うときは、両方電気になりますので「電/電ポジショナ」と呼ぶことになります。ただし、電気操作のポジショナは、一般に操作機に電気回路として内蔵されていますので、外部から機器としては見えません。

（3） 調節弁の特性とサイジング
① 流量特性

調節弁の流量特性とは、弁開度を 0 ～ 100 ％まで作動させた時の相対トラベル（開度）と弁相対容量係数との関係をいいます。玉形弁、バタフライ弁、V-ボール弁のように多くのバルブは固有流量特性を持っていて、ポジショナのカムなどで変換することを除いて基本的にはバルブで流量特性を変更することはできません（グローブ弁の流量特性は、プラグヘッドの形状を変える（部品を入れ替える）ことによって流量特性を変えることが可能です）。流量特性には、リニア、イコールパーセンテージ、クイックオープン、という3つの代表的流量特性があります。

図5-26にこれらの特性を示します。

(1) 固有流量特性と有効流量特性

実験室環境下でバルブの上流側と下流側の圧力差を、一定に保ち、非圧縮性流体を流した時の弁開度と流量との関係を"固有流量特性"と呼びます。ただし、実際の配管にバルブを取付けた場合、圧力差を、一定に保つことはまず不可能で、配管の圧力損失やポンプなどの流量特性の影響を含んで流体を流したときの、弁開度と流量との関係を"有効流量

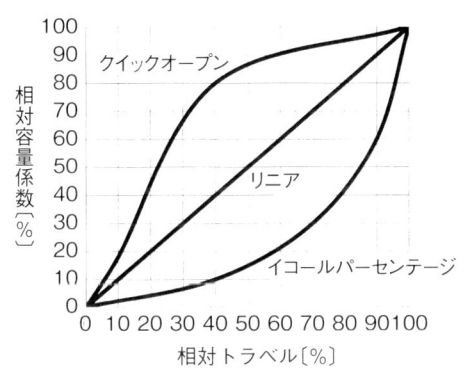

図 5-26　流量特性（リニア、イコールパーセンテージ、クイックオープン）例[1]

特性（実効流量特性ともいう）"と呼びます。

(2) リニア特性

相対トラベルの等量増加分が相対容量係数の等量の増分（比例）を生じる固有流量特性で、リニア特性は、単位トラベル当たりの流量変化がトラベルに関係なく一定になります。通常のバタフライ弁（円盤状の弁体ポート）は、この特性です。

(3) イコールパーセンテージ特性

相対トラベルの等量増加分が相対容量係数の等比率の増分を生じる固有流量特性で、流量の"変化の割合"がトラベルに比例します。前述の有効流量特性では一般的に最も利用しやすい特性と言われており、多くの調節弁が採用しています。

(4) クイックオープン特性

クイックオープン特性は、小さい弁開度から大きな流量を流せる特性を持ちます。したがって、弁開度50%以上では、弁開度を増加させても、流量の増加割合の変化が少なくON-OFF弁のアプリケーションで多く使用されます。通常のボール弁（丸ポート）は、この特性です。

② 実用上の弁特性の選定

(1) イコールパーセンテージ特性

(a) 配管系の摩擦損失が大きい時、または弁開度に応じて弁前後の差

圧が大きく変わるとき
(b) 常用流量に比べてはるかに小さな流量でも使用することが予想される場合（リニア特性では小流量で単位感度が非常に大きくなり不安定になりやすい）
(2) リニア特性
(a) 弁前後の差圧がほぼ一定な場合（固有特性に近い有効特性が得られる）
(b) 弁差圧が大きいとき（差圧の変化は相対的に少なくなる）
(c) 流体が固形浮遊物を含むとき、摩食を主にして考えるとリニアコンタードがイコールパーセンテージコンタードより適当である（前者のほうが曲面の変化が少ないためなど）。実用上はイコールパーセンテージ特性の適するプロセスがはるかに多い

③ サイジング

調節弁に与えられる流体条件（入口側圧力、出口側圧力、流量、温度、密度、粘度、入口温度における液体の蒸気圧など）と取付け条件（レジューサ、継手など）から必要とされる容量係数を計算することを"サイジング"といいます。

調節弁の選定には、このサイジングがきわめて重要になります。調節弁は、止め弁のようにCv値が大きければ良いというものではなく、制御にふさわしいものを選ぶ必要があります。大は小を兼ねず、ゾウの耳かきでは、ヒトの耳は掘れないのです。

容量係数のサイジング式はJIS B 2005-2-1などに紹介されています。

サイジングでは、流量制御の他、種々の補正が必要となります。

液体の場合、縮流部におけるキャビテーションの発生、閉そく乱流などを考慮しなければなりません。

気体の場合には圧力降下に応じて密度が減少し膨張するので、この密度変化を考慮し、膨張係数がサイジング式に導入されます。さらに、高差圧では縮流部下流が超音速となる閉そく乱流を考慮する計算となります。

また、粘性が高い場合、差圧が小さく流量が少ない場合は乱流領域の

サイジングが適用できず、層流状態における粘性流補正を含むサイジングが必要となるなど流体によって検討が必要です。

これらの各要因について補正係数を含むサイジング式としてIEC、ANSI/ISAやJISなどの規格の式がよく用いられています。

（4） 調節弁の課題と対策

調節弁とその周辺では流体変動や振動や騒音、材料の壊食・摩耗、摩擦の非線形性などさまざまな力学的挙動が想定されます。流体工学的配慮に限定し考察しても自由噴流・衝突噴流・旋回流れ・壁面付着とはく離流れなどが複雑に関与し、気体の場合は衝撃波、蒸気では凝縮現象、液体ではキャビテーションや気泡分離などの複雑な流れ構造への設計配慮が必要とされます。また施工・運転・保守保全でも留意する必要があります。なお、キャビテーションや騒音などは事前に計算によりシュミレーションすることが可能です。

図 5-27 に調節弁の高速内部流れで派生する問題点を示します。

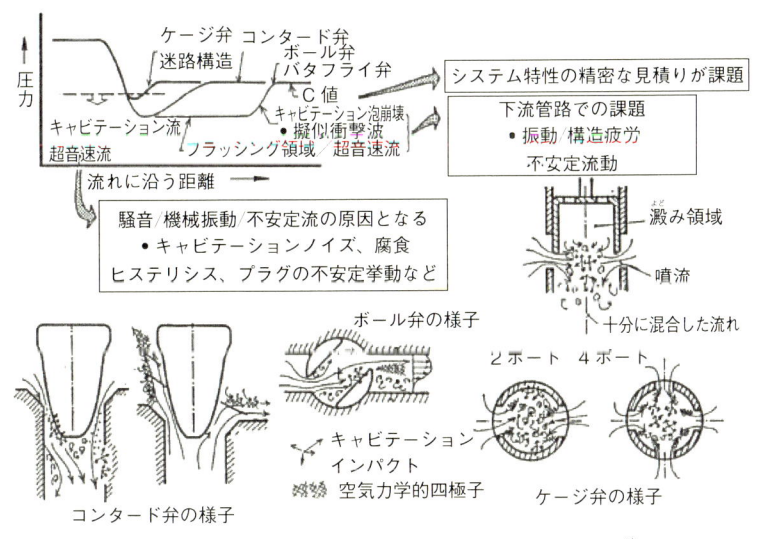

図 5-27 調節弁の高速内部流れで派生する問題点[1]

5-4 ● 自力式調整弁

(1) 概　要（分類）

各種設備に使用される弁の種類は多く、作動原理から次のように分類されます（**図 5-28**）。

```
バルブ ─┬─ 手動操作弁
        └─ 自動制御弁 ─┬─ 他力式調節弁（自動調節弁）
                        └─ 自力式制御弁（自動調整弁）─┬─ 圧力調整弁
                                                        ├─ 流量調整弁
                                                        ├─ 温度調整弁
                                                        └─ 液位調整弁
```

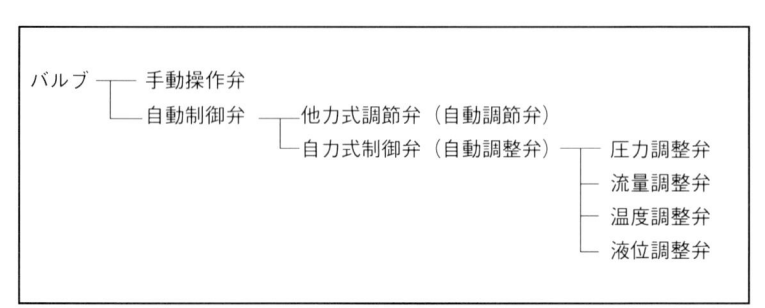

図 5-28　自力式調整弁の分類

また、自動弁は調整弁（自力式）と調節弁（他力式）とに分類されます。前項で説明した"調節弁"は、他力式でバルブの作動に必要な動力に電気・空気圧などの補助的な動力を使用するバルブの総称です。

"調整弁"は自力式で、バルブの作動に必要な動力を、検出部を介して制御対象から受けるバルブの総称です。**図 5-29** に自動制御要素をイメージで説明しますが、調整弁はすべての要素をオールインワンに内蔵しているといえます。

調整弁は機能（制御の対象）により、"圧力調整弁"、"温度調整弁"、"流量調整弁"、"液位調整弁"などに分類されます。調整弁も調節弁と同様に流量のみを制御しますが、結果として圧力・温度・液位（量）などのファクター

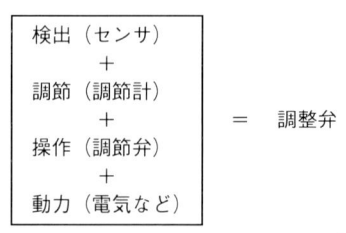

```
検出（センサ）
    ＋
調節（調節計）
    ＋           ＝  調整弁
操作（調節弁）
    ＋
動力（電気など）
```

図 5-29　自動制御要素のイメージ[1]

を制御しています。

（2） 調整弁の位置づけと特徴

"調整弁"には、"圧力調整弁"、"温度調整弁"、"流量調整弁"などがありますが、いずれも配管にバルブを取り付けるだけで、その機能を発揮するものですから、設備がシンプルになるだけでなく、保守作業の簡素化などのメリットがあり、各種設備に広く使用されています。しかし、自力式である調整弁は、単純な機械的作動を行うため、他力式の調節弁のように検出・調節・操作機器を個別に配置したシステムと比べると、調節機能や制御精度の面で制約があります。また、原則"設定値"が変動するような制御には利用できません。

調整弁は、一般的に制御に対しての負荷変動などの外乱変化があまり大きくなく、制御精度をそれほど必要としない場合に適用されます。したがって、調整弁と調節弁を適材・適所に使い分けなければなりません。いずれを使用するか判断に迷う場合も生じると思いますが、"調整弁"と"調節弁"を比較すると次のとおりになります。

「自力式の調整弁」の利点は次のとおりです。

- センサ、コントローラ機能が内蔵一体化されているので、動力用の空気配管や制御盤が不要
- 補助動力（空気圧や電気など）が不要であり、被制御流体の圧力エネルギーなどにより配管するだけで機能する
- コストが低い（弁単体および付帯設備についても）
- 構造が単純・明快で、コンパクトである
- 負荷変動に対する応答が速い
- レンジアビリティがよい（調整範囲が広い）
- 温調弁など一部を除いて、ステム部のグランドがない構造であり、外部漏れの心配がない

「他力式の調節弁」の利点は次のとおりです。

- 負荷変動に対する応答は遅いが精密な制御ができる

- 動力空気源が失われた場合など非常時の弁閉、弁開を選択できる
- 制御室から設定値を遠隔操作できる
- 開度信号などの情報を制御室に伝送できる
- コントローラにより他ループとの連携や複雑な制御ができる
- 弁の種類（構造）が多く、玉形、ボール形、バタフライ形などの形式が選べる

　調整弁の構造・作動原理は、単純ですが、その能力を十分に発揮させるためには、調整弁の特徴を理解して最適な機種・呼び径の選定を行うとともに、その使用方法にも配慮することが必要です。

（3） 調整弁の種類
　調整弁の種類ごとに原理と特徴を説明します。

① 圧力調整弁（pressure regulating valve）
(1) 概　要

　"圧力調整弁"は、ダイヤフラムなどで圧力を検出して、たとえば二次側圧力を一定に制御する機能を持つものです。圧力調整弁は、"減圧弁"、"差圧弁"、"背圧弁"、"真空調整弁"などに分類されます。

　名称から推定できるように、"減圧弁"は圧力を減少させる、"差圧弁"は差圧を制御するというように、その機能によっていろいろな弁の種類があります。

　また、圧力、温度、流量、材料などの条件によって、さまざまな機種があり、用途、使用圧力・温度・流量の条件、必要とされる性能などによって選択して使用します。

(2) 減圧弁（pressure reducing valve）

　"減圧弁"は「圧力調整弁」の代表的存在で、通過する流体そのものの圧力のエネルギーにより弁体の開度を変化させ、高い一次側圧力から所定の低い二次側圧力に減圧する圧力調整弁です。以下に減圧弁の作動形式、作動原理、種類と用途、性能、試験および検査、減圧弁の選定と設置上の注意について説明します。

(a) 作動形式による分類

減圧弁には作動形式により**図 5-30** に示す直動式（direct operated type）と**図 5-31** に示すパイロット作動式（pilot operated type）があります。

図 5-30 に直動式減圧弁、図 5-31 にパイロット作動式減圧弁の構造例を示します。

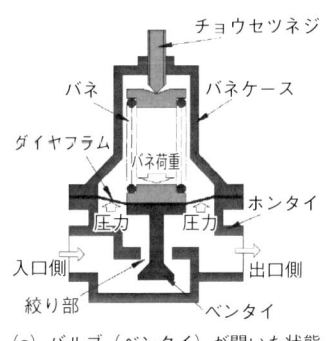

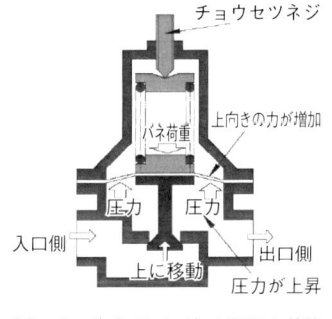

(a) バルブ（ベンタイ）が開いた状態　(b) バルブ（ベンタイ）が閉じた状態

図 5-30
直動式減圧弁の
構造例[3]

(b) 流体による分類

減圧弁は作動原理が同じでも使用する流体により構造や材質が異なることが多くあります。たとえば、蒸気用と水用では流体の温度が異なり、比較的低温である水用減圧弁にはゴムやプラスチックが使用されています。"水用"はダイヤフラムに柔軟性のあるゴムを使用できるため直動式でも比較的大きな流量を流すことができます。一方、高温となる蒸気はダイヤフラムを始めとした主要材料には金属材料が使われることが多く、

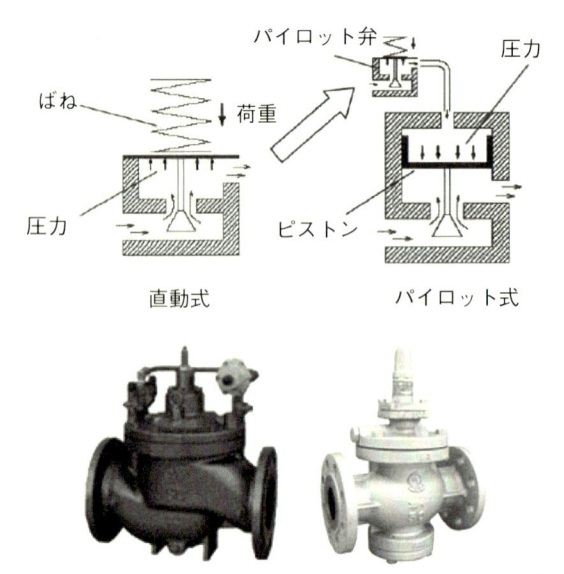

図 5-31　パイロット式減圧弁の作動イメージ例[3]

構造は主としてパイロット式が採用されており、直動式は小口径（一般的に呼び系 50 A 以下）・小流量に限られます。

　蒸気用・水用の他には空気用もあり、蒸気用や水用から派生することが多くあります。建築設備では、給水設備（フロアー用・戸別住宅用）の他、電気・石油温水器用などさまざまな種類の減圧弁があります。

　直動式は小・中容量、パイロット作動式は大容量の用途に適しています。一般に、ビル設備の空調・衛生設備において蒸気用はパイロット作動式、"水用"は直動式とパイロット作動式が使用される例が多くあります。流体蒸気に使用する減圧弁を"蒸気用減圧弁"と称し、空調用の熱交換器や温水器に送られる蒸気の減圧に使用されます。図 5-32 に各用途に利用される直動式、パイロット作動式減圧弁の外観例を示します。

　(c)　減圧弁の特性と使い方

　自力式の調整弁である減圧弁は流体の圧力とばね荷重のバランスで作動するため制御される二次側の圧力は「常に一定」ではなく、流量や一

	蒸気用	水用	空気用
直動式	汎用  ・ステンレス鋼製ダイヤフラム	汎用  ・ゴム製ダイヤフラム	高圧用  ・りん青銅製ダイヤフラム
パイロット式	汎用  ・ピストン弁体を駆動	大流量  ・ダイヤフラムで弁体を駆動	大流量  ・ピストン弁体を駆動

図 5-32 各用途に利用される直動式、パイロット作動式減圧弁の外観例[3]

次側圧力の変動により変化します。流量による変化を「流量特性」、一次側圧力による変化を「圧力特性」といいます。

一般的に減圧弁の流量特性では**図 5-33**のように「オフセット」が、圧力特性では一次圧力の変動に二次圧力が追随しない「ヒステリシス」があることを理解した上で選定します。図 5-33 に減圧弁の流量特性と同圧力特性例を示します。減圧弁は、微小な開度で制御するため、流体内のゴミにはきわめて弱く、このため、減圧弁の手前側には必ず保護用のストレーナを設けることが必要です。減圧弁の中には、ストレーナを内蔵したものも販売されています。

(d) 調整弁の規格

JIS B 8410-2009 に「水道用減圧弁」として規定されています。これは電気・石油温水機用の「給湯機用減圧弁」および同系列に「安全逃し弁」が規定されています。また、一般用の減圧弁は JIS には規格がありませんが、SHASE（空気調和・衛生工学会）規格 S106-2005 に水用・蒸気用が規定されています。建築設備では、法規は水道法、消防法に認証規定があります。

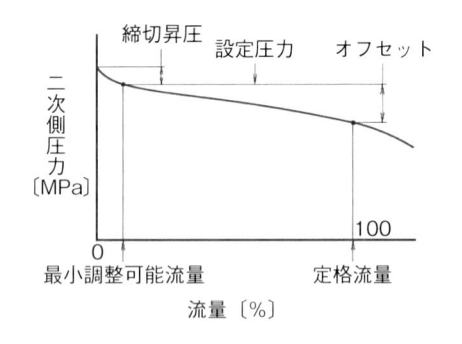

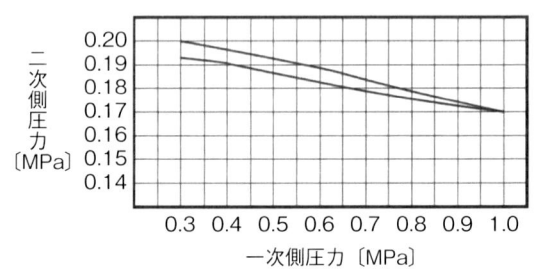

図中ラベル:
- 締切昇圧
- 設定圧力
- オフセット
- 二次側圧力〔MPa〕
- 最小調整可能流量
- 定格流量
- 流量〔%〕
- 100

二次側圧力〔MPa〕: 0.20, 0.19, 0.18, 0.17, 0.16, 0.15, 0.14
一次側圧力〔MPa〕: 0.3 0.4 0.5 0.6 0.7 0.8 0.9 1.0

一次側圧力 0.3 MPa の時、二次側圧力を 0.2 MPa に設定し、一次側圧力を 0.3－1.0～0.3 MPa に変化させた時の二次側圧力の変動を示します。

図 5-33　減圧弁の流量特性と圧力特性例[3]

② 一次圧力保持弁（背圧弁、一次圧力調整弁）(back pressure regulating valve)

　背圧弁は、一次圧力調整弁と称されたり、消火設備では一次側圧力調整弁と称されたりしています。背圧弁は、二次側圧力を一定に保つ減圧弁に対し一次側圧力を自動的に常に一定に保つ機能を有し、一般にポンプの吐出圧力を一定に保つポンプバイパス用に使用されます。また、空調の開放回路における返り管の"落水防止用"に使用した場合、ポンプ停止時には速やかに閉止して返り管の水位の降下を防ぎ、かつ運転中は配管内を所定の適当な圧力に保持します。背圧弁には作動形式により減圧弁と同様に直動式とパイロット作動式があります。

　圧力の検出には、ダイヤフラムなどが使用されていて、ポンプの圧力

調整などのように連続した逃し制御に適します。また、逃し弁と機能は類似していますが、背圧弁は圧力の調整性能および作動の安定性が優れています。圧力が高くなると安全逃し弁や逃し弁と同じく、余剰圧力を逃す機能がありますが、装置の安全装置と考えてはいけません。

図 5-34 に作動説明図を示します。構成部品として内部には、制御圧力を設定する調節ばね、圧力検出用のダイヤフラム、流れを絞って圧力損失を変化させる弁部があります。

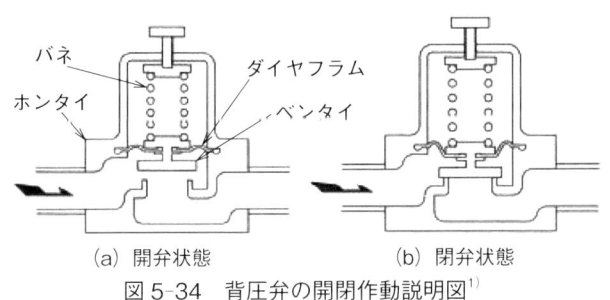

図 5-34　背圧弁の開閉作動説明図[1]

(a) 開弁状態　(b) 閉弁状態

ダイヤフラム下面には一次側（入口）の流体圧力が上向きに作用して弁を上方に移動させる開弁力が働きます。一方、調節ばねの力はダイヤフラムを下方に移動させる閉弁力として働きます。両者の力がバランスした位置で弁の開度が決まり、その絞り具合をその時の圧力に応じて適切に調整するので、一次側（入口）圧力は自動的に調整（制御）されます。

設定圧力からの一次側圧力上昇に比例して流量が増加します。弁の作動を説明しようと、使用末端での負荷流量が減少した場合などはポンプ特性により圧力が上昇しますが、背圧弁はこの圧力上昇を検出して開弁し、圧力上昇を抑えるよう機能します。

③　流量調整弁（flow regulating valve）

(1) 概　要

流量調整弁（flow regulating valve）は配管を流れる流体の流量を一定に保つバルブで「定流量弁」、「調量弁」などとも呼ばれます。流体がオ

リフィスなどの絞りを通過するときその前後の圧力差により流量は変化します。そこでバルブ前後の圧力差に応じてバルブの絞り具合を調整して一定の流量にするのが流量調整弁です。

圧力を検知・制御する方法には差圧調整弁を使用する方法（差圧制御方式）、圧力差によるばねのたわみとバルブの絞り形状による方法（ばね-可変オリフィス方式）、ゴムなどの弾性材料のたわみを利用する方法（ゴムオリフィス方式）などがあります。

また、流量調整弁に似たようなバルブで一定の量（バッチ量）を流すと閉弁する定量止水弁（栓）（volume regulating faucet）などと呼ばれるものもあります。

(2) 差圧制御方式

差圧調整弁とオリフィスを組合せた流量調整弁でオリフィスには通過面積が一定のものとコックのように面積を可変できるものがあります。後者は設定流量を変えることが可能です。通過面積が一定のオリフィスの流量調整弁でも差圧の設定を変えることにより若干、流量を変えることができるものもあります。

図 5-35 に差圧制御方式の流量調整弁の例を示します。

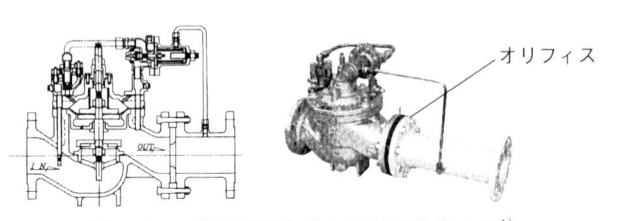

図 5-35　差圧制御方式の流量調整弁の例[1]

この例ではオリフィスを二次側に取り付けていますが一次側に取り付けたものもあります。

(3) ばね-可変オリフィス方式

ばねに保持された弁体が流体圧力を受けるとばねに力を加えて弁体は移動します。この時、弁体と弁座の隙間による流体の通過面積を圧力に

応じて流量が一定となるような弁体（または弁座）の形状にした流量調整弁です。**図 5-36** にばね-可変オリフィス方式の例を示します。弁体の形状を紡錘形にして圧力差に応じた通過面積（図中 A_L または A_H）となるようにばねと圧力のバランスで制御しています。

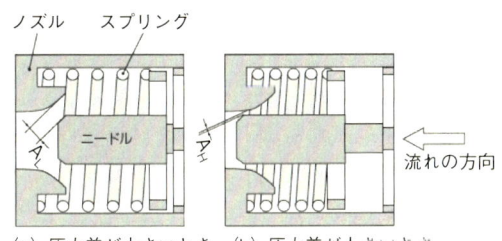

(a) 圧力差が小さいとき　(b) 圧力差が大きいとき
図 5-36　ばね-可変オリフィス方式の流量調整弁例

(4) ゴムオリフィス方式

ゴムのような弾性体は流体の圧力による力を受けると大きくたわみます。このゴムのたわみを利用して流体の通過面積を変化させて流量を一定にする流量調整弁です。ゴムのたわみを利用しているため、一般的に他の方式よりも制御誤差は大きくなります。

図 5-37 にゴムオリフィス方式の流量調整弁を示します。

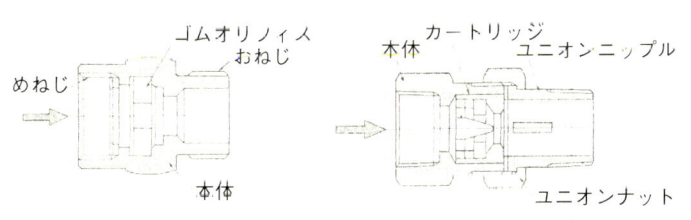

図 5-37　ゴムオリフィス方式の流量調整弁例[1]

図 5-37 のゴムオリフィス（穴あき円盤状）に代えて、ゴム製 O リングを利用した構造も販売されています。

図 5-38 にゴム製 O リング方式の流量調整弁を示します。

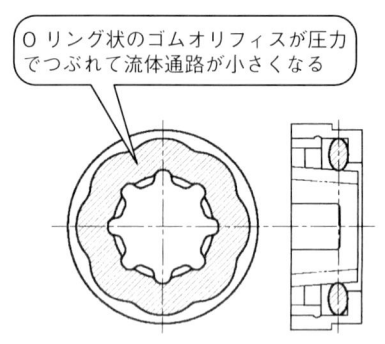

図 5-38　ゴム製 O リング方式の流量調整弁例[1]

(5) 定流量弁

(a) 概　要

　流量調整弁の代表的な1つに一次側の圧力（差圧）が変化しても一定の流量に調整する前項の「定流量弁（定流量器）」があります。調整できる流量は、あらかじめ設定値が決まっている固定型と、設定値を配管後でも設定範囲内で変更できる可変形とがありますが、建築空調設備で用いられるものは、**図 5-39** に示す固定形でかつ止め弁（ボール弁）が併設されたものが多くあります。図 5-39 に代表的な定流量弁（止め弁付き）の外観および構成部品の例を示します。

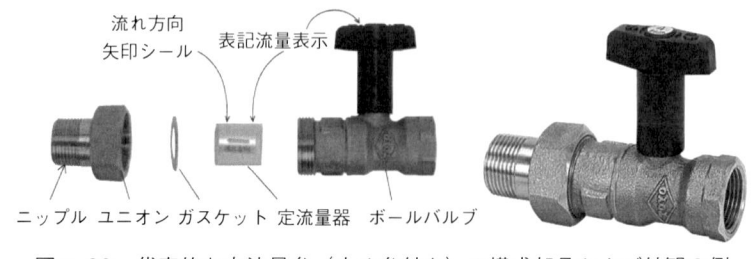

図 5-39　代表的な定流量弁（止め弁付き）の構成部品および外観の例

(b) 特性と使い方

　定流量弁は自力式の調整弁であり、あらゆる差圧範囲で流量が「常に一定」ではなく、特に差圧が小さい（図示の定流量弁では、0.03 MPa 以

下）または大きい（図示の定流量弁では、0.5 MPa 超）場合は、所定の流量精度内に入らないことがあります。また、通常品は 10 ～ 15 ％程度の流量調整誤差を有しています。次に絞りによる騒音（水切音）の発生の問題があります。基本的に定流量弁には「水切音」をともなうことを理解したうえで選定する必要があります。ノズル・フラッパ構造のものは騒音が比較的大きいため、病院やホテルなど夜間特に静粛性を要求される建築物では、「低騒音形」またはゴムオリフィスのものが向いています。また、流体の温度によっても流量が変化することがあるので、シビアな条件ではよく確認する必要があります。

④ 温度調整弁（temperature regulating valve）

(1) 概　要

温度調整弁は、感熱筒を被加熱または被冷却流体に挿入することで温度を感知し、流体の設定温度を一定に保つバルブで、電気、空気などの補助動力を用いない自力式温度調整弁です。

温度調整弁は、感熱部の温度上昇により弁体が閉じる加熱用（正作動形）と弁体が開く冷却用（逆作動形）があります。加熱用温度調整弁は、熱交換器、ストレージタンク（貯湯槽）などに加熱流体を供給し、流量の制御を行うことで温度を一定に保ちます。また、冷却用温度調整弁は、冷却流体を供給することで、温度を一定に保ちます。

(2) 構造，原理

図 5-40 に加熱用温度調整弁の構造を示します。

温度調整弁のハンドルを回し、調節ばねをたわませると、弁体に開弁方向の力が加わり、蒸気が流れ始め、ストレージタンクの内部温度が蒸気によって上昇すると、挿入されている感熱筒内部の封入媒体が膨張し、リード管、ベローズ、弁棒を介し、弁体に閉弁方向の力が加わります。この力と調節ばね力の均衡によって加熱流体供給量が制御され、ストレージタンクの内部温度が一定に保たれます。したがって、ハンドルの調整で、容易に設定温度を変えることができます。

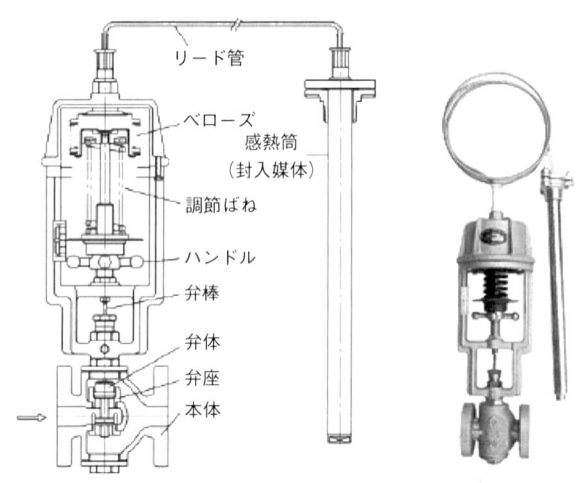

図 5-40　加熱用温度調整弁の構造例[3]

⑤ 液位調整弁（level regulating valve）
(1) 概　要

　液位調整弁は水槽やタンクに入れられた液体の液面位置（液面レベル）を一定に保つように自動的に液体の流入量あるいは流出量を制御する調整弁です。液面位置の検出にはフロート（浮子）が一般的に使われており、フロートにレバーなどを介して連結されたバルブを開閉して液位を制御します。

　「液位調整弁」の名称はこのようなバルブの総称ですが、タンクやボイラ給水など圧力がかかる容器内の液位を制御するものを特に液位調整弁といい、受水槽などの給水に使用される液位調整弁は「ボールタップ」、「定水位弁」などと呼ばれています。

　液位調整弁には円筒形のフロートを使用したもの、水深による圧力差を利用したものなどもありますが、ここでは基本的なフロートによる液位調整弁について説明します。

(2) 液位調整弁（level regulating valve）

　タンクやボイラに取り付けて圧力のかかった液体の液位を制御するバ

ルブを液位調整弁と定義します。液位調整弁にはタンクへの流入量を制御するものと、流出量を制御するものとの2種類があります。また、液位調整弁は「水位調整弁」「自動給水器」「自動水準調節器」などと呼ばれることもあります。図5-41に液位調整弁の例を示します。

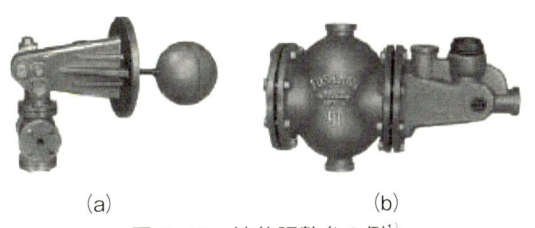

(a)　　　　　(b)

図5-41　液位調整弁の例[1]

液位調整弁にはフロートを直接タンク内に挿入するもの（図5-41（a））と液位調整弁内部にフロートを収めたもの（図5-41（b））があります。また、これらのタンクへの取り付け例を図5-42に示します。

図5-43に液位調整弁の構造を示します。

図5-42　液位調整弁のタンクへの取付け例[1]

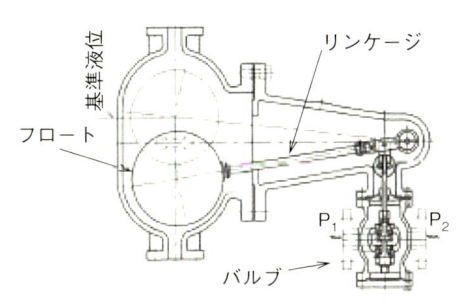

図5-43　液位調整弁の構造例[1]

タンク内の液面により上下するフロートはリンケージを介してバルブにつながっています。この例はタンクへの流入量を制御するタイプでバルブは逆弁となっています。液面位置が下がるとフロートも下がってバルブを押し下げて開くことにより液体がタンク内に流入して液面は上昇します。液面が設定の位置まで上昇するとフロートが上がりバルブは閉

155

じて液体の流入も止まります。

(3) ボールタップ（ball tap）

大気開放式（無圧）の水槽に使用される液位調整弁の一種で、フロートの上下動をレバーやリンク機構を介して直接バルブに伝え開閉動作を行います。身近では、トイレのタンクにも使用されており「ボールタップ」の名称は一般的な言葉になっています。

ボールタップは構造から単式と複式に分けられます。複式は圧力バランス構造により単式よりも高圧、大口径に適しています。**図 5-44** に単式ボールタップを、**図 5-45** に複式ボールタップの例を示します。単式・複式以外では複座構造により複式と同等の性能を確保したものもあり、この例を**図 5-46** に示します。ボールタップには弁開と弁閉の水位にレベル差をつけて水面の波浪の影響を受けにくくしたものもあります。

(4) 定水位弁（level regulating valve）

給水の受水槽に使用される液位調整弁の一種でボールタップをパイロ

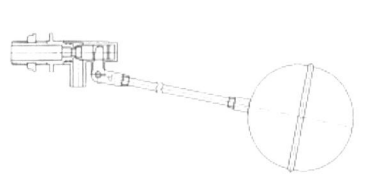

図 5-44　単式ボールタップの例[1] 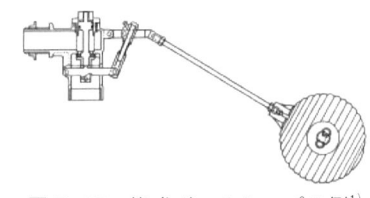　　図 5-45　複式ボールタップの例[1]

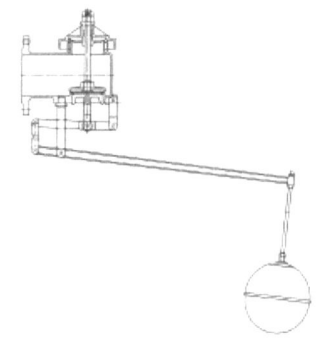

図 5-46　複座式ボールタップの例[1]

ット弁にしてより大きな主弁を開閉します。定水位弁には形状によりストレート形（水平流れ）とアングル形（水平から下向き流れ）があります。図 5-47 に定水位弁の構造と外観を、図 5-48 に同設置例を示します。パイロットにはボールタップの他、電磁弁や電動弁を併用することもあります。電磁弁は液面スイッチと組み合わせて液面制御を行い、ボールタップは通常開いた状態で使用されます。なお、定水位弁の設置に関しては各水道事業体により位置や寸法などの施工規定がある場合があり注意が必要です。

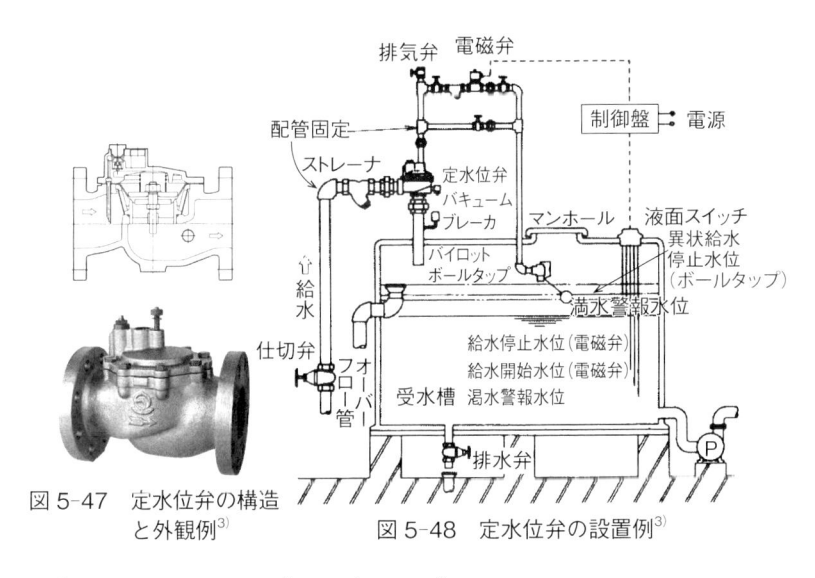

図 5-47　定水位弁の構造と外観例[3]

図 5-48　定水位弁の設置例[3]

⑦　スチームトラップ/エアトラップ

トラップ類もバルブの仲間になります。一般に「スチームトラップ」は蒸気配管から発生するドレン（環水）を蒸気から切り分けて排出する機能を有しています。また、「エアトラップ」は、「空気配管」からドレン（水）を排出する機能を有しています。

スチームトラップおよびエアトラップは気体である蒸気や空気と液体である水が混在した気液二相流体から気体を配管外に漏らすことなく、液体だけを自動的に排出する自動弁です。

この機能はあたかも気体だけを捕らえて、液体だけを排出しているかのようであり、英語のトラップ（捕捉）が名称の語源となっています。蒸気システムでは蒸気が保有する潜熱（気化熱）を利用し、仕事を行います。この仕事や蒸気輸送中の放熱などにより潜熱を失った蒸気は凝縮し、凝縮水（ドレンとも呼ぶ）に変化します。これらのドレンは配管から素早く排出する必要があり、スチームトラップ/エアトラップを必要とします。

(1) スチームトラップ

スチームトラップは、いろいろな構成のものが多種考案されていて、それぞれ特徴があります。**表5-3**にスチームトラップの構造上の分類を示します。

表5-3 スチームトラップの構造上の分類[1]

大分類	作動原理	中分類
メカニカル・トラップ	蒸気・ドレンの密度差	・レバーなしフロート式 ・レバーフロート式 ・下向きバケット式、上向きバケット式
サーモスタティック・トラップ	蒸気・ドレンの温度差	・ベローズ式 ・ダイヤフラム式 ・バイメタル式 ・ワックス式 ・形状記憶合金式
サーモダイナミック・トラップ	蒸気・ドレンの熱力学的特性差	・ディスク式 ・インパルス式 ・固定式

図5-49に各分類で代表的な構造を示します。

(a) スチームトラップの取り付けと使用上の注意

それぞれの仕様や特長を検討して、よいものを選ぶことが必要です。

使用目的に適合するスチームトラップが選定されても、その取り付け方法が正しくなければ、スチームトラップはその機能を十分に発揮できません。

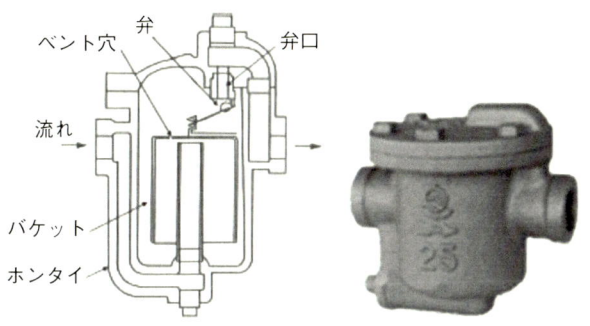

図 5-49　スチームトラップ各分類で代表的な構造例（下向きバケット式）[1]、[3]

(b)　スチームトラップの入口管について

スチームトラップは自力でドレンを引き込む機能は持っていないので、ドレンがスチームトラップに流入しやすい配管に取り付けます。

- ドレンの溜まりが生じないように最低部へ取り付けます。
- 入口管は傾斜を付けて短くします。ただし、サーモスタティック式スチームトラップは、入口管が短いと作動に必要な温度差が得られないため作動不能となりやすく、この温度差を確保するために1m以上の冷却管部をスチームトラップ入口側に設ける場合があります。
- 入口管の立ち上げは避けます。
- 入口管はできるだけ大径であって曲がりを少なくします。

(c)　スチームトラップの出口管について

出口配管は背圧の低減および逆流防止が必要です。

- 出口管はできるだけ大径であって曲がりを少なくします。
- 出口管が立ち上がる場合やドレン回収管へ接続される場合はチャッキバルブを設置します。
- 出口管端部を水面下に入れません。

(d)　バイパス管について

図 5-50 のようにスチームトラップに対してバイパス配管を設置します。

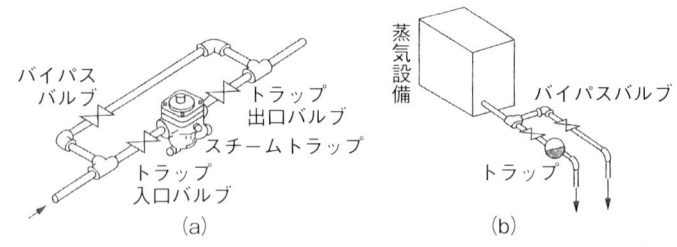

図 5-50 スチームトラップに対するバイパス配管の設置例[1]

バイパス配管は以下の3つの目的をもっていますが、スチームトラップ出口が大気開放の場合には、図 5-50 の (b) 図のように出口弁を省略できます。

- 通気はじめに、バイパス弁を開くことによって装置の立上り時間を短縮します。
- 新設配管時のスケールブローを行い、スチームトラップの故障原因を低減します。
- スチームトラップ修理時にバイパス弁からドレンを排除することにより、蒸気使用装置の運転を止めないで、スチームトラップの修理または取替えが可能です。

(2) エアトラップ

エアトラップは、スチームトラップと同様、気体である空気やガスか

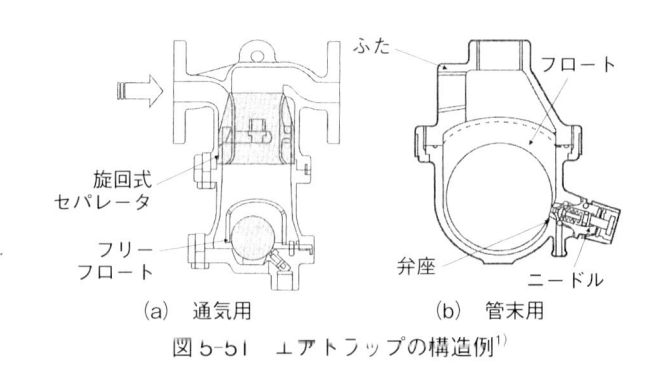

図 5-51 エアトラップの構造例[1]

ら水分を分離排出するバルブで、図 5-51 に示す構造のものがあります。

(a) エアトラップの取り付けと使用上の注意

エアトラップは、圧縮空気中に含まれた水蒸気の凝縮した水を排出するものであって、気体状態である水蒸気を除去するための減湿装置ではないことに留意します。

- 管末用エアトラップはエアロッキングを防止するため、均圧管の設置が望ましい。
- 圧縮機で圧縮された空気は、レシーバタンクや冷却器で冷却された後も大気温度よりも高温であることが普通で、圧縮空気輸送配管を通っていく間にも冷却されてドレンを発生します。このため、管末用エアトラップは空気輸送配管の曲がり部または管末に設置し、自然流下で管末エアトラップに流入する配管とする必要があります。
- 油やごみが多い箇所では、エアトラップを頻繁に清掃する必要があります。

⑧ 空気抜き弁

(1) 概　要

エア抜き弁（空気抜き弁）は名前が示すとおり、水系配管ラインに混入した空気を分離して配管から自動で外へ排出するバルブ（自力弁）です。別名「エアベント」とも呼ばれます。前項のエアトラップとは逆に液体から気体を分離排出します。特にビル設備の給水・給湯ラインでは、空気の混入が頻繁に生ずるため、この空気を排出しないと流体が咳き込むように噴出したり、騒音が発生したり、配管の腐食を増長させたりトラブルとなります。

エア抜き弁は、建築設備では給水・給湯ラインに多く利用されています。図 5-52 にエア抜き弁の外観例を示します。

(2) 原理・構造

エア抜き弁は水と空気の比重差を利用したフロートによるものが一般的であるので、本章では「フロート式」を中心に説明します。

図 5-53 にエア抜き弁の作動原理を示します。

図 5-52　エア抜き弁の外観例[3]

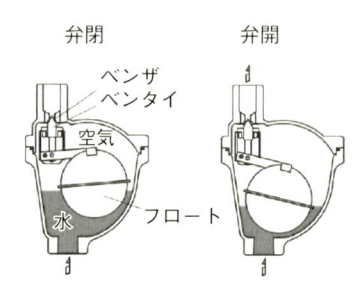

弁閉　　弁開

ベンザ
ベンタイ
空気
水
フロート

空気抜弁はベンタイがフロートにつながった構造となっており、フロートは水に浮いている。空気が流入して水位が下がるとフロートも下がり、弁が開いて水圧により空気を外部に排出する。空気の排出により水位が上昇するとフロートも浮き上がり再び弁閉の状態に戻る。

図 5-53　エア抜き弁の作動原理例[3]

(3) 特性と使い方

エア抜き弁は、その特性上、配管内上部の空気が溜まりやすい場所

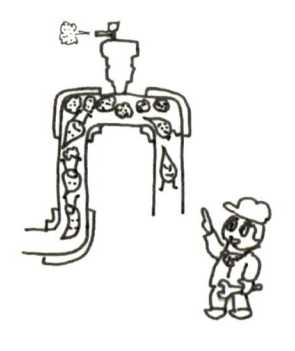

「鳥居配管」は、できる限り避けたいが、
避けられない場合は、必ずエア抜き弁を設けます

(エア溜りとも呼びます）に設置します。特に上部が凸になっている「鳥居配管」には、必ずエア抜き弁を設けます。なお、配管に空気抜きのための「勾配」をあらかじめ付けることも考慮するとよいです。

⑨ 安全弁/逃し弁

(1) 種類と概要

「安全弁」は名前が示すとおり、異常に上昇した圧力を配管の外部に逃して配管・設備の"安全"を保つバルブです。安全弁入口側の圧力があらかじめ定められた圧力を超えたときに自動的に作動してベンタイが開き、流体を排出することにより圧力の上昇を防ぎます。作動後は圧力が所定の圧力まで降下すれば再びベンタイは閉じて流体を封止します。

安全弁はボイラを始めとして種々の圧力容器、配管ラインに設置されており、(圧力)逃し弁、安全逃し弁などと呼ばれることもあります。建築設備では、貯湯式の石油炊き/電気給湯器の給湯側ライン専用の逃し弁が減圧弁と組み合わされて利用されています。

安全弁は、正に配管・設備の"安全"と直結します（最後の砦となる）から、設備・仕様・課題などの条件により機能やバルブ仕様をよくメーカーと打ち合わせて選定します。

JIS B 8210 に蒸気用およびガス用ばね安全弁が規定されています。

図 5-54 に蒸気または気体用安全弁の外観例と構造を示します。

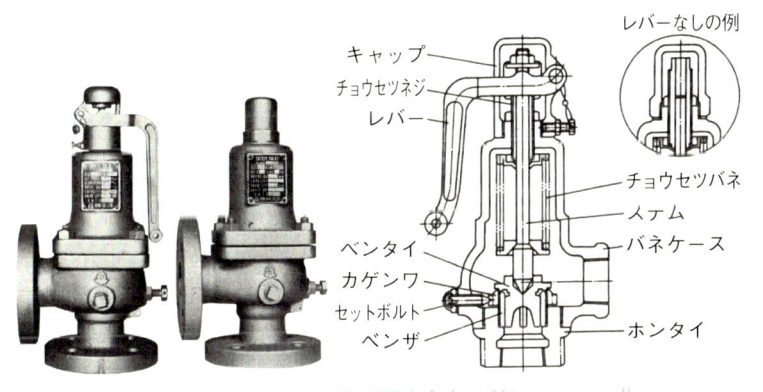

図 5-54 蒸気または気体用安全弁の外観・構造例[3)]

(2) 原理・構造

安全弁は作動機構により、ばね式安全弁、おもり式安全弁、てこ式安全弁、ばね平衡式安全弁、パイロット付安全弁などさまざまな種類がありますが、現在使用されている安全弁は、ばね式安全弁が主流となっているので、本項ではばね式安全弁を中心に説明します。

図 5-55 に安全弁の作動例（安全弁の作動を模式化したもの）を示します。

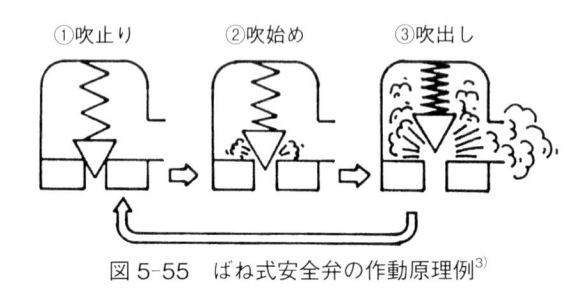

①吹止り　②吹始め　③吹出し

図 5-55　ばね式安全弁の作動原理例[3]

ばね式安全弁（以下、安全弁という）は、ばねによる力とベンタイが受ける圧力による力のバランスで作動します。

通常、安全弁の入口側圧力が低い（安全な）場合にはベンタイは閉止しています（図 5-55 ①参照）。入口側の圧力が所定の値まで上昇すると安全弁から微小流量が流れ始めます。この状態を「吹始め」といいます（図 5-55 ②参照）。さらに圧力が上がると安全弁からの流れが確認されるようになり、この状態を「吹出し」といいます（図 5-55 ③参照）。吹出した後、さらに圧力上昇した所定の圧力で流量は安全弁の公称吹出し量となります。流体が吹き出すことにより圧力が降下して所定の圧力まで下がると安全弁は閉止します。この状態を「吹止り」といいます（図 5-55 ①の状態に戻る）。これら一連の作動を縦軸に吹出し量、横軸に圧力のグラフで表すと図 5-56 のようになります。

(3) 安全弁と逃し弁

安全弁は逃し弁などと呼ばれることがありますが、これらは次のような使い分けがなされています。「安全弁」は主として蒸気、気体に使用

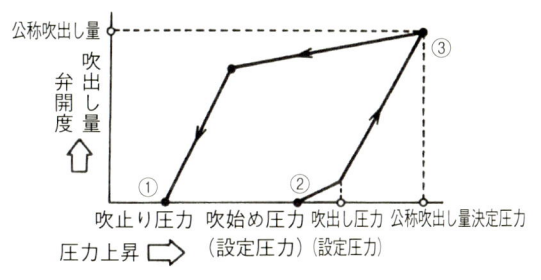

図 5-56　安全弁の圧力と吹出し量の関係例[3]

し、入口側の流体圧力が上昇して設定した圧力になった時、「瞬時に弁が開き」流体を逃して安全を確保するバルブです。

「逃し弁」は主として液体に使用し、入口側の流体圧力が上昇して設定した圧力になったとき、弁が開き始め、「圧力の上昇に応じて」流体を逃して安全を確保するバルブです。すなわち、安全弁と逃し弁では図5-55②吹始め圧力から③公称吹出し量決定圧力にいたるまでの傾きが異なっており、安全弁は図5-56の傾きが急角度で立ち上がっているのに対し、逃し弁の勾配はなだらかになっています。

(4)　特性と使い方

安全弁は、文字どおり「安全」を確保するために設置するバルブですから、通常の使用状態では作動することはありません。何らかの異常時（圧力が設定値以上の危険な状態になる）に初めて作動します。

安全弁の選定では、設定圧力、吹出し量、吹出し面積などの仕様をよく確認して行います。

図 5-57 に機器の圧力と安全弁の圧力の関係を示します。

安全弁の設置や吹出し面積算出に関連する国内法規や規格には、ボイラ構造規格、高圧ガス保安法など国内・海外規格を合わせ多くの法規・規格がかかわっているため、設置する場所や機器に応じた法規・規格に従う必要があります。また、流体別に専用の安全弁が用意されていますので、選定に注意する必要があります。流体によっては"気液二相"状態もあり、2013年にJIS B 8227（気液二相流に対する安全弁のサイジ

第5章 ● 自動弁

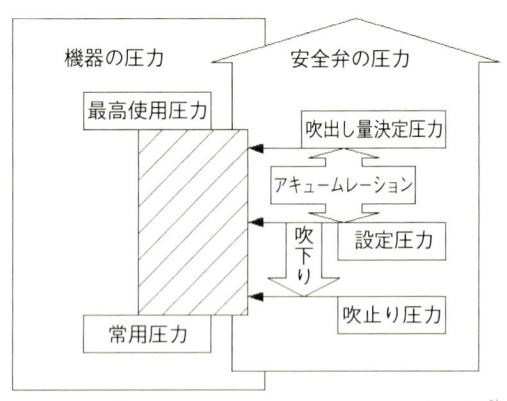

図 5-57　機器の圧力と安全弁の圧力の関係の例[3]

ング)」規格が発行されています。

(5)　その他の逃し弁〔温水機器用逃し弁〕

　温水機器用逃し弁は電気温水器や小形温水用ボイラ等の温水用熱交換器を保護するための逃し弁で JIS B 8414 に規格化されています。また、温水用熱交換器の圧力を適正に保つ JIS B 8410「水道用減圧弁」も組み合わせて使用されています。温水用熱交換器の使用例を**図 5-58** に示します。

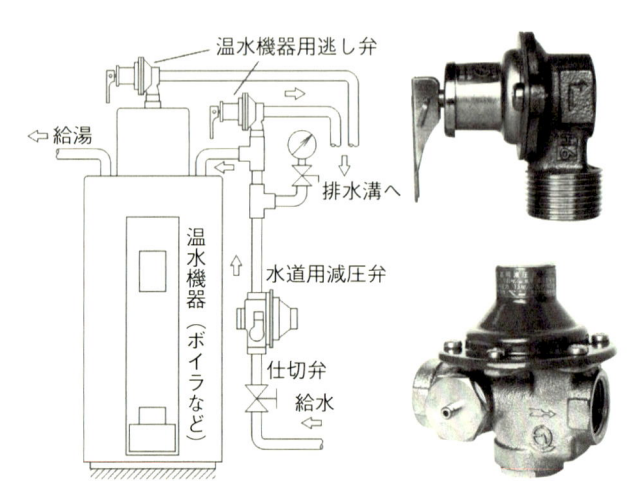

図 5-58　温水器用の逃し弁と水道用減圧弁の使用例[3]

第 **6** 章

バルブが使われる場所・設備

　バルブは、流体の存在するところほとんどの産業や設備に利用されています。

　国内の配管用バルブの市場（生産高）は、おおよそ4,000億円で、ほぼ一定の規模を維持しています。

　本章では、国内のバルブ用途の"三本柱"と呼ばれる建築設備、水道施設、プラント／装置工業各用途について、具体的な設備ごとにバルブの使われ方の概要を説明します。

6-1 ● バルブの市場

　（一社）日本バルブ工業会（以下 JVMA と記載）による国内バルブ全品種の生産額は、年度で多少の増減はありますが、約 4,000 億円で市場もほぼ同レベルと推察されます。

　バルブ市場は、大別すると建築設備用、水道施設用（本管：水道事業体向け）、および工業用（装置・プラント・工場向け）が用途市場の「三本柱」となっていますが、細分すると図 6-1 のとおりです。

　工業用は、石油精製・石油化学・一般化学・電力・原子力などの「プラント用途」から各種の「製造装置用途」までの範囲が含まれます。水道（配水本管用途）および造船（船用）は、独立した分野として取り扱われることが多くあります。

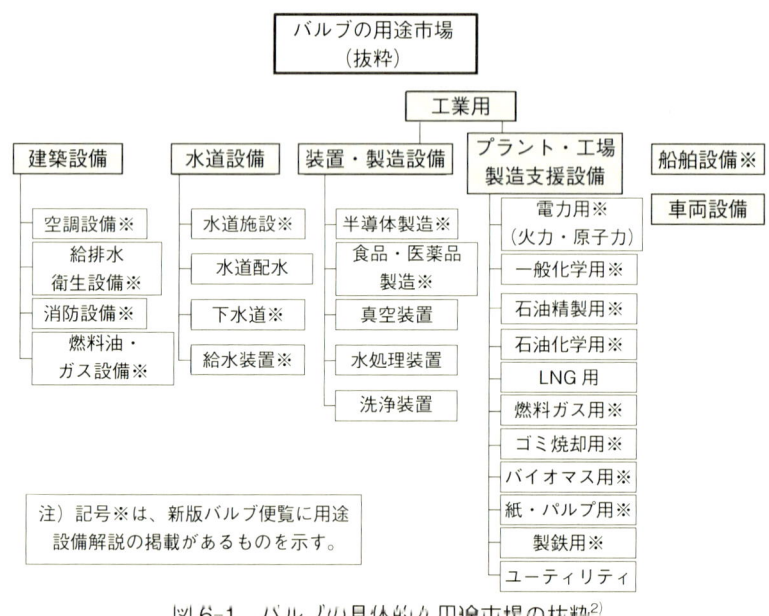

```
                    バルブの用途市場
                       （抜粋）
                          │
                        工業用
┌──────┬──────┬──────┬─────────────┬──────┐
建築設備  水道設備  装置・製造設備  プラント・工場  船舶設備※
                                  製造支援設備
                                                 車両設備
 空調設備※   水道施設※   半導体製造    電力用※
                                      （火力・原子力）
 給排水      水道配水    食品・医薬品   一般化学用※
 衛生設備※              製造
 消防設備※   下水道※    真空装置      石油精製用※
 燃料油・    給水装置※   水処理装置    石油化学用※
 ガス設備※                            LNG用
                       洗浄装置       燃料ガス用※
                                      ゴミ焼却用※
                                      バイオマス用※
                                      紙・パルプ用※
                                      製鉄用※
                                      ユーティリティ
```

注）記号※は、新版バルブ便覧に用途設備解説の掲載があるものを示す。

図 6-1　バルブの具体的な用途市場の抜粋[2]

168

6-2 ● 建築設備
　　　（空気調和、給排水衛生、防災防火）

　バルブが利用される三大分野の1つが「建築設備」となっています。建築設備用途は約42％ですが、このうち「給排水栓」が約30％とその多くを占めています。給排水栓は、基本的に建築設備（給排水衛生設備）にしか用途がなく、生産量は多いのですがまったくの"専用用途弁"といえましょう。

　バルブについて見ますと、第4章「基本的なバルブ」の項で説明しました"汎用弁"が工場設備や装置用途と並び最も多く利用されます。また、設備全体では各種の自動弁（電動弁、電磁弁、電動式調節弁）や減圧弁、定流量弁、定水位弁、逃し弁などの調整弁類も多く利用されます。

　給水や給湯、排水などの衛生設備には、定水位弁、逆流防止器、専用減圧弁、水道用空気抜き弁、定流量弁などの専用弁が利用されます。

　給水・給湯ラインでは、材料的には鉄系材料にはライニングやコーティングなどの「さび」防止対策、銅系材料には鉛浸出対策が施されています。防災防火設備には、「消火弁」と呼ばれるアラーム弁や一斉開放弁、スプリンクラなどの消防専用弁も多く利用されます。

　水を冷熱媒として利用する空調設備では、汎用弁や自動弁に加えてファンコイル弁（手動・自動）などの専用弁が利用されます。

　この他、熱源では蒸気や氷点下の冷媒ラインもあり、"種類"の多さで見ると建築設備分野はまさに"バルブのデパート"と呼んでもよいでしょう。

　建築基準法、消防法、水道法、ビル衛生管理法、国土交通省標準仕様書、SHASE規格などがキーワードになります。

第6章 ● バルブが使われる場所・設備

6-3 ● 水道（施設～水道配水）

　水道設備とは、原水（川や池からの取水・導水、浄水場）～上水製造設備（配水池・給水所）～送配水（浄水場から利用者の建物まで送る配管）～ビルや住宅への配水・取り込み（水道メータまで）をいいます。

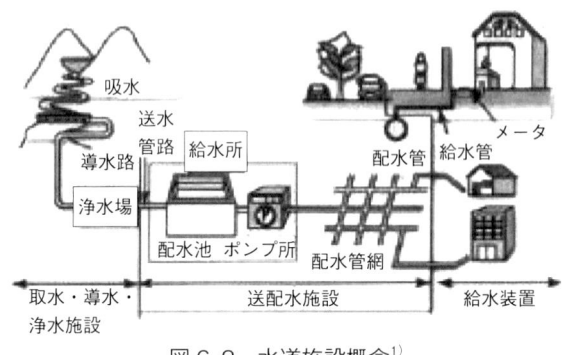

図6-2　水道施設概念[1]

　水道は、燃料ガスと並び明治時代の創成期から始まった歴史あるインフラ設備で、基本的に「送配水施設」には専用用途弁（仕切弁・バタフライ弁）を利用しています。一般に"水道用バルブ（制水弁）"と呼ばれ、本管用の大きいサイズでは口径2,000 mmを超えるものもあります。水道管は、一般に鋳鉄製で継手が管と一体になったものを繋いでゆきます。技術トレンドは"耐震性"で、最近では継手付き管や専用バルブに耐震性を向上させた新形継手が採用されています。

　「給水装置」とは、前項の建築設備を含み、送配水設備（配管）から分岐させてビルや住宅などのユーザーの建物に取り込む部分から直結式は「蛇口」水栓までを、受水槽などの間接式は水道メータまでをいいます。給水設備（給水装置）にも専用用途弁が多く利用されています。

　水道法や厚生労働省の水質基準、クロスコネクション、逆流防止などがキーワードになります。

6-4 ● プラント（石油工業、化学）

プラントは、工業用途の代表として、専用用途弁（石油用、化学用、超低温用など）と汎用弁とが利用されます。代表する石油精製・石油化学・一般化学・LNGガスなど重厚長大な産業分野です。プラントでは、省人化が相当図られており、現在では、最低限の管理者で運営されているとのことで、バルブの自動化率も船舶用と並び相当高いレベルにあります。

表6-1に工業用途におけるバルブの種類、および主な使い方、並びに主な適用例を示します。

JPI石油学会規格、高圧ガス保安法、労働安全基準法、液化ガス法、消防法、プラント防災などがキーワードになります。

第6章 ● バルブが使われる場所・設備

豆知識　水に使われているのになぜ「"ガス"管」？

ガス器具に接続するゴムチューブも"ガス管"とも呼びますが、ここでは「JIS G 3452「配管用鋼管」（通称 SGP=steel gas pipe）」のことです。建築設備の空調・衛生・消火など主として低圧の水流体ラインに大量に利用されています。もちろん、もともとの呼び名である都市ガスやLPG用の「ガス管」としても利用されています。

内外面に亜鉛めっきしたものを"白ガス管"、めっきなしで黒色の防錆剤を塗布したものを"黒ガス管"と呼んでいます。"黒ガス管"は蒸気や高温水、油に利用されます。

SGP管、最初はガスインフラから？

表 6-1　バルブの種類および主な使い方並びに主な適用例[1]

バルブの種類	主な使い方	①	②	③	④	⑤	⑥	⑦	⑧	⑨	⑩	⑪	⑫
仕切弁	・主として遮断用止め弁として使用。	○	—	—	△	—	△	○	○	○	△	△	○
玉形弁	・主として流量の調整目的に使用。また、止め弁または頻繁な操作が必要な場合に使用されることもある。	△	○	—	—	—	○	△	○	○	—	△	—
逆止め弁	・逆流を防止する目的に使用。	—	—	○	—	—	—	△	○	○	△	—	△
ボール弁	・他のバルブと比べ速やかな遮断または完全閉止が必要な用途に使用。化学装置に多く使用する。	○	△	—	○	○	△	○	○	○	△	△	○
同(中)心形バタフライ弁	・遮断または流量調整に使用。	○	△	—	○	○	—	○	△	△	△	△	○
偏心形および二重偏心形バタフライ弁	・同心形より厳しい使用条件に使用することができる。	○	△	—	○	○	—	○	○	△	△	△	○
プラグ弁	・他のバルブと比べ速やかな遮断を必要とする用途に使用するか、またはガス系の流体では流用調整の目的で使用することもある。 ・高粘性流体、真空に使用。	○	△	—	○	△	△	○	○	△	○	△	○
ダイヤフラム弁	・通常管路の遮断に使用するが、流量調整の目的にも使用する。 ・スラリー製品および食品を扱うサニタリーまたは腐食性流体、危険性流体に使用。	○	△	—	—	—	—	○	—	—	○	○	—
ピンチ弁	・遮断または流量調整に使用。 ・摩耗性スラリー粉体、か粒、薬品、食品を扱うサニタリー、ファインケミカル、腐食性流体に使用。	○	△	—	—	—	—	○	—	—	○	○	○

〔注〕(1)　主な適用例の内容は、次のとおりです。
　①　遮断（オン-オフ）に適用　　　　②　流量調整に適用
　③　逆流防止に適用　　　　　　　　④　急速開閉に適用
　⑤　三方弁など流路変更が可能な構造　⑥　流れ方向が限定される
　⑦　圧力損失が小さい　　　　　　　⑧　高圧に適する。
　⑨　高温に適する　　　　　　　　　⑩　粘性流体に適する
　⑪　スラリー流体に適する　　　　　⑫　大口径も可能
　(2)　表中の記号は次による。
　　　○：一般に適用する　△：条件によって適用する　—：適用しない

6-5 ● 装置工業（水処理、洗浄）

"水"を流体とした専用装置分野で、汎用弁と各種処理用の専用弁が多く用いられます。最近のトレンドでは、「海水淡水化装置」などもこのジャンルに含まれます。薬液などにも利用しますので、バルブの耐食性も要求されます。

表6-2に装置工業に利用される主なバルブとその役目および用途を示します。

表6-2　装置工業に利用される主なバルブとその役目および用途例[1]

バルブの種類	役目	用途
ゲート弁	閉止	主ライン、機器・配管ドレン・ベント計器元弁
グローブ弁	軽微な流量調整および閉止	計器元弁、配管ドレン・ベント
ニードル弁	小流量の流量調整	主ライン・サンプル
グローブ（ケージ形）弁	中・大流量、中・高差圧の流量調整	主ライン（蒸気、RO給水・ブラインなど）
チェック弁	逆流防止	ポンプ出口など
バタフライ弁	軽微な流量調整および閉止	主ライン、機器・配管ドレン
ロータリー弁	各流量、小・中差圧の流量調整	主ライン
ボール弁（フルボア）	軽微な流量調整および閉止	主ライン、機器・配管ドレン・ベント計器元弁
ボール弁（レジュースドボア）	閉止	計器元弁、配管ドレン・ベント
Vカット弁	小・中流量、小・中差圧の流量調整	主ライン
ダイヤフラム弁	閉止	主ライン、機器・配管ドレン・ベント計器元弁

6-6 ● 燃料ガス設備（施設〜導管〜ガス栓）

　水道と並ぶ重要なインフラ設備で、各種燃料ガス（プロパン、都市、LNG）の製造施設から導管（送配管）で各ユーザー（ガスメータ、ガス栓）に届けられます。原料の手当てから消費までの一連の工程で、採掘・精製・送り出し・運搬・受け入れ・処理・供給などの各設備に多くの種類のバルブが使われています。図6-3に都市ガスの供給方式例を示します。

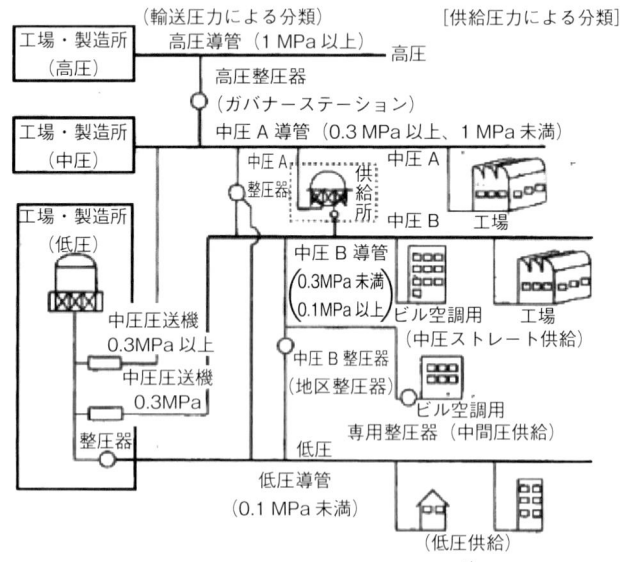

図6-3　都市ガスの供給方式例[1]

　わが国の都市ガス事業における原料は、2005年現在でLNGが全体の90％を占めています。LNG配管のバルブには、超低温（-163℃）への対応が求められます。製造所からのガスを需要家のガス栓まで送出する導管（中圧・低圧）のバルブには、ガスを速やかに遮断できる構造の専用用途弁で、維持管理と安全保持に適したものを選ぶ必要があります。

　ガス事業法、高圧ガス保安法、液化ガス法、LNG、T.T.O.指針、JIA認証、極低温などがキーワードになります。

6-7 ● 発電（火力・原子力）

　俗に「パワープラント」と称される発電用プラントで、専用用途弁（高温・高圧弁）と汎用弁とが利用されます。火力発電と原子力発電は、熱源の違いはあるものの、いずれも高温高圧の蒸気を作り、それによってタービン・発電機を駆動して発電します。

① 火力発電用

　新鋭の大形火力発電所では、主蒸気温度 566 ～ 600 ℃、再熱蒸気温度 610 ℃、主蒸気圧力 25 ～ 31 MPa の条件ですでに運転されています。今後ますます高温高圧化の方向にあり、蒸気温度 700 ℃級についてまで検討が進んでいます。これらの条件下で稼働すべき高温高圧弁の課題は、材料の選定と苛酷な条件下での機能確保とにあります。高温クリープの向上、熱衝撃の急激な変化への対応、高温下の作動と気密性の維持などが求められています。燃料としては、石油系に代わりクリーンエネルギーとして LNG の比率が増加しています。今後はシェールガスなども利用するようになると思われます。

② 原子力発電用

　放射性流体・減速材・冷却材・プロセス蒸気・復水・給水および冷却水などの通るラインで多くのバルブが使われています。特徴として、十分な安全解析と多項目の確認記録、生産工程を含む綿密な品質保証が徹底的に追求されることが挙げられます。温度・圧力は火力発電用を下回りますが、品質面からみた安全性が最優先されています。3.11 東日本大震災による事故から、さらなる安全性が要求されており、核燃料ゴミのリサイクルや処理問題も現在未解決課題です。

③ LNG ガス化発電用

　LNG ガス体を燃焼して発電する方法は、「火力発電」に含まれますが、液化されて輸入される天然ガスを気体に戻す加熱作業の際に体積膨張するので、この時の圧力（流れ）を利用して発電する特異な方法もありま

175

す。LNGラインには極低温用の専用用途弁が用いられます。
　電源三法、電気事業法、原子力関連法、液化ガス法、高温高圧、LNG、超低温、非破壊検査などがキーワードになります。

6-8 ● 食品・飲料、医薬品、化粧品製造

　食品・医薬品に類する工業で大事なことの1つは、製品に対する"安全性"の確保です。そのため、バルブには流体を遮断・制御する本来の機能に加えて、プロセス流体（食品の原料や製品）を汚染しないことが求められます。普通のバルブより"清浄度"が相当高いことが必要で、細菌が増殖するおそれのある"滞留部"が内部にあったり、弁棒グランド部から細菌が侵入したりしてはいけません。配管との接続端部には、分解・組立ての容易なクランプ式、ユニオン式、ベベルシート式など特殊な管継手が用いられます。また、バルブ自身も分解・清掃・組立てが容易の構造が求められます。"サニタリー弁（ハイジェニック Hygienic）"と呼ばれる専用用途弁が多く利用される分野です。
　食品衛生法、無菌、HACCP（Hazard Analysis and Critical Control Point）、分解洗浄などがキーワードとなっています。

6-9 ● 半導体製造（ガス系・純水系）

　半導体製造装置は、配線の微細加工など、繊細・高度なものになりつつあります。したがって、そこで使われる多くの「ガス系システム」では、高い安全性と清浄度が保たれなければなりません。バルブはこれを損なってはならないので、内部部品から微細な塵やガスを放出してはならないし、流れが滞ってもいけません。

　同様に「洗浄水系システム」では、バルブが超純水や超々純水に利用されることがあるため、場合によってはステンレスでも腐食に耐えられず、四フッ化エチレンやPPSなどのエンジニアリング・プラスチック製配管材料が用いられることがあります。

　高圧ガス保安法、パーティクル、純水、清浄度、クリーンルームなどがキーワードになります。

6-10 ● 農業（灌水・水耕栽培）・水産

　農業分野では、用水の確保（灌水や水田用の導水）および水耕栽培の設備配管などにバルブが利用されます。金属製の汎用弁も多く利用されますが、仮設的利用として〝樹脂（塩ビ）製〟のバルブも多く利用されています。水産や水族館など〝海水〟を利用する設備配管も多く、ほとんどが腐食に強い樹脂製バルブが利用されています。塩ビ製は、樹脂製

の汎用弁と呼んでもよいでしょう。

6-11 ● 船　舶

　船舶へのバルブの利用は古く、むしろ陸用（ビル用や工業用）より歴史が古いかもしれません。船舶には燃料、給水、蒸気、バラスト（海水）など数々の設備配管が設けられているため、専用用途弁も多く存在しています。従来から船舶用バルブでは、かさばらずコンパクトであること、航行中にできるだけ修理をしなくて済む配慮、修理する場合には船内で作業しやすい、といった条件が優先されてきました。これに加えて、船内環境での（高度の自動化を含む）高い"機能性"・"信頼性"が要求されています。

　船舶では、省人化が相当図られており、現在では、大形タンカーでさえ十数名程度の乗員で運行されているとのことで、バルブの自動化率も相当高いレベルにあります。この分野では、歴史が古いこともあり、手動式の船用バルブ（船舶用汎用弁）は、JIS規格のF部門で約90種類が標準化されています。また、ストレーナも数種類規格化されています。

第7章

専用用途弁
〈特殊弁〉

　設備・仕様・課題の三要素によって示される特殊なバルブは、流体によってさまざまな要求があり特定の設備に"専用用途バルブ"として多く利用されています。

　これまでの章では、主に"汎用弁"と呼ばれる基本的なバルブについて説明してきました。

　本章では、専用用途バルブについて実例として「石油工業用途の特殊弁」をあげて概要を説明します。

7-1 ● 専用用途弁とは

「汎用弁」は使用条件さえ合えば、Ａという設備でもＢという設備でも利用できます。「専用用途弁」とは「特殊弁」とも呼び、いろいろな設備で横断的に使われている汎用弁のような比較的広範囲な使用条件をカバーするものではなく、ある特定の設備、および仕様だけに対応する"専用のバルブ"です。

特定の「設備」に合わせたバルブであり、たとえば、「給水栓」は建築設備（給水設備）に利用が限定されており、ガス設備の配管には取り付けることはできません。

また、「定水位弁」と呼ばれるバルブは、給水設備で受水槽への定水位供給だけで使われ、「種口弁」と呼ばれるバルブは、紙パルプ製造設備だけで使われるバルブです。設備が異なれば、そこだけに用いる専用のバルブが登場するのです。

バルブの仕様について見ると、上記の給水栓では、流体が水道水（飲料水）ですから、①流体中にさびが出ないこと、②清浄性が担保されること、③鉛などの有害物質が浸出しないこと、などの要求が付加されます。また、定水位弁では給水栓に要求される仕様に加えてウォータハンマ対策などが、種口弁では流体がコク液やハク液（パルプが含有した液体）で閉止時はパルプ（繊維）をバルブシート部で切断する機能と高精度な流量制御性、耐食性・耐薬品性とが要求されます。

7-2 ● 専用用途の要求3要素 （設備、仕様、課題）

設備の要求によるバルブの特異な仕様だけでなく、社会的要請に基づく課題も、それらに特化したバルブを生み出しています。たとえば、「超

低温弁」や「低騒音弁」と呼ばれるバルブがあります。超低温弁は常温より遥かに低温の仕様に対応して用いるものです。低騒音弁は"絞る"というバルブの基本機能を満たしながらも、流体騒音の低減という「課題」を解決したバルブであり、他の用途ではこの課題解決は必要とされるわけではないのです。また、「緊急遮断弁」というバルブは、"止める"というバルブの基本機能を満たしながらも、緊急時に素早く流路を遮断できる機能課題を合わせもつバルブです。

このように特定の設備・仕様・課題に限定して使われるバルブ「用途別バルブ」は、まさに驚くほどの種類や派生品が存在し、バルブの主要な市場を形成しています。

課題の解決には、たとえば、石油（精製・化学）工業用に用いられるバルブは、流体が可燃性の危険流体であるため"耐高温性"や"強靭性"、"高信頼性"が要求され、本体は鋼製（腐食レベルによって低合金鋼から高合金鋼までで選定）で、加えてボール弁などのソフトシート構造については静電気に起因した内部スパークによる爆発を防ぐため"帯電防止"仕様が要求されたり、延焼をそのバルブでくい止めるため"ファイヤーセーフ"仕様が要求されたりします。

7-3 ● 代表的な専用用途弁

専用用途弁は、異なる産業ごと・業種ごとに存在するといっても過言でないほどきわめて多くのものが存在しています。したがって、すべての専用用途弁を本書で説明することは不可能なため詳細は「新版 バルブ便覧」に譲ることにしたいと思いますが、一例として前項で取り上げた"石油工業用"について説明をします。

この産業分野の概要は、第6章で説明していますが、石油工業には大別して掘削・搬送・精製・化学の4つがあり、掘削には陸上や海底油田を掘るための特殊（相当な高圧）な専用用途弁が存在しています。残念

ながらこの分野では、わが国は技術が遅れていて、装置やバルブは外国から購入しています。

搬送は"原油"をタンカーやパイプラインで輸送することを指し、利用するバルブはほぼ精製と似通っています。精製は原油から主にナフサを分離抽出する製造工程で副産物としてタール、重油、軽油、灯油、ガソリンなどが同時に抽出されます。各留分は後段の水素化精製装置、脱硫装置、改質装置、分解装置などによって脱硫と分解とがなされ、性状調整と有害物質除去が行われます。

精製工程は高温高圧となるため、配管材料にも特殊な仕様が要求されます。石油化学はナフサを原料として樹脂の基本原材料となるエチレンなどを製造する工程です。

石油工業は、欧米での歴史が古く仕様や規格などは米英で制定されたものが基準となっていて、イギリスのBS規格や米国のAPI（American Petrorium Institute）規格が世界標準となっています。

国内では、APIを国内用に展開させたJPI（日本石油学会）規格が制定されています。

流体が危険物や高圧ガスの場合が多いため、安全性確保の見地から公的な配管基準または圧力容器規格または安全基準を定めた法律によって、使用すべきバルブの材料、構造などの使用制限があります。

バルブの種類では、玉形弁・仕切弁・逆止め弁・ボール弁などの手動弁や自動弁が使われ、使用圧力はクラス150～2,500（lb）、弁箱材料は炭素鋼・低合金鋼・高合金鋼・低温鋼など多岐にわたります。腐食条件が苛酷であり、取り扱う流体が危険物で、タンク元弁や輸送管用バルブが災害に曝されて流出事故を起こしますと二次災害を生じるなど、バルブも厳しい設置条件下での稼働が求められます。

（1） 圧力-温度基準

石油工業用の鋼製バルブは、ASME（米国機械学会規格）B 16.34のP-Tレイティングに規定されています。

「標準クラス」は、SAS B 16.5（Steel Pipe Flanged and Flanged Fittings）を起源としていますが、その後、ANSI B 16.5-1977 を経て ASME B 16.34 へ統合されました。

「特別クラス」は、MSS SP-66（Pressure-Temperature Ratings for Steel Butt-Welding End Valves）を起源とし、その後、ANSI B 16.34 へ統合されました。

「限定クラス」は、呼び径 2-½ 以下のねじ込み形または溶接形弁に適用されます。

呼び圧力は、150、300、400、600、900、1,500、2,500 の 7 種類です。

（2）規　格

以下に石油工業用の鋼製バルブの関連規格（JPI・API）を示します。

JPI 規格は、日本国内のみに適用される規格で、国内での配管材料調達事情に整合させていますので、国際性はありません。

① JPI-7S-65（フランジ及びバルブの圧力 - 温度基準）
② JPI-7S-37（鋳鉄製フランジ形外ねじウエッジ仕切弁）
③ JPI-7S-57（軽量形鋼製小形弁）
④ JPI-7S-48（鋼製フランジ形ボール弁）
⑤ JPI-7S-83（石油工業用バタフライ弁）

API 規格は、国内 JPI 規格の基になった規格であり、古くから規定されていて米国圏で適用されています。API 規格の圧力 - 温度基準については、JPI-7S-65：2005（フランジ及びバルブの P-T レイティング）のようにまとまったものはなく、各弁の規格の中で、ASME B 16.34 によるとされています。API 6D は、ガスおよび石油生産のパイプライン用として開発され多く用いられているバルブが対象です。

API のバルブに関する主な規格としては、以下があります。

① API Specification 6D：2008（パイプラインバルブ）
② API Std 600：2009（ボルテッドボンネット、フランジ形及び突合せ溶接形鋼製仕切弁）

第 7 章 ● 専用用途弁〈特殊弁〉

③　API Std 602：2005（石油及び天然ガス工業用呼び径 DN100 以下の鋼製仕切弁、玉形弁及び逆止弁）
④　API Std 603：2007（フランジ形及び突合せ溶接形ボルテッドボンネット耐食仕切弁）

（3）　特別仕様
①　帯電防止機構
特に、引火点の低いガソリンやプロパンなどを扱う場合、たとえばボール弁では"帯電防止機構"を備えたものがあります（図 7-1 参照）。

フローティング形のボール弁で、シートリングとパッキンに四フッ化エチレン樹脂などのエラストマーを使うと、ボールと樹脂の摩擦により静電気が発生しますが、静電気がボールに帯電しスパークしないような常時通電する構成をほどこしてあるのです。

②　ファイヤーセーフ機構
可燃性の流体を制御する石油工業用バルブは、止め弁の近傍が火災に遭遇したとき、バルブから先へ大量に流出してさらに延焼を増長させる可能性があるため、火災で焼失する可能性があるソフトシートのバルブ（主にボール弁）については、これを防止するため"ファイヤーセーフ"仕様が要求されます。

ファイヤーセーフ機能は、バルブの外漏れとシート漏れについて規定

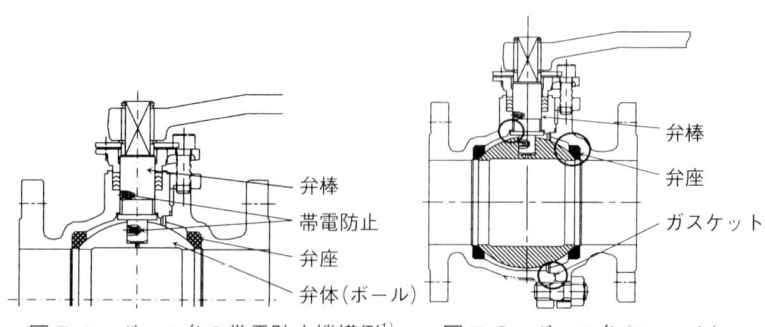

図 7-1　ボール弁の帯電防止機構例[1]　　図 7-2　ボール弁のファイヤーセーフ機構例[1]

があり、いわゆる"大水"が止まるレベルの要求となっています。この性能を確認するため、BSやAPIでは、「ファイヤーセーフテスト」を規定しており、実際にバルブを配管して圧力を加え外から火炎を当ててバルブを火葬にして性能を確認する方法と判定基準が決められています。図7-2にボール弁のファイヤーセーフ機構例を示します。

③ 管内清掃仕様（ピグ洗浄）

石油工業設備で配管内を清掃する仕様として、「ピグ洗浄」があります。

一般に砲弾形をしたウレタン発泡体のパイプクリーニング用プラグを総称してピグ（pig）といいますが、正しくは「ポリピグ」であって1962年ごろ米国で開発された工法です。

石油・化学プラント関係の新設・既設配管のクリーニングに使用されますが、水道配管などでも利用されます。ピグは、配管構成部分および"スルーコンジット"と呼ぶ専用の「仕切弁・フルボアボール弁」や「フルオープニング形逆止め弁」と呼ばれる特殊仕様が設けられたバルブの通過が可能です。

レジュストボアボール弁やバタフライ弁・玉形弁・一般の逆止め弁は、その構造からピグは通過できません。図7-3に各種ピグの形状を、図7-4にフルオープニング形逆止め弁を示します。

④ 硫化水素ガスへの材料対策

石油化学設備は、石油精製の過程で作られたナフサを主原料として、エチレン、スチレンなどの誘導体製品を作る設備です。なかでもエチレンプラントは、石油化学工業の中間材料を製造する基幹プラントであり、基本的な原理は、「原料の炭化水素（ナフサ、エタン、LPG、ガスオイル）の熱分解」にあります。加熱・加圧・熱分解その他各種触媒を使用しての各種化学反応の組合せで、付加価値の高い合成樹脂、合成繊維、合成ゴムなどを製造します。

電子機器・電化製品・家庭用品など各種産業に使われているプラスチック、衣料に使われている合成繊維、タイヤなどに使われている合成ゴムは石油化学設備から生まれています。

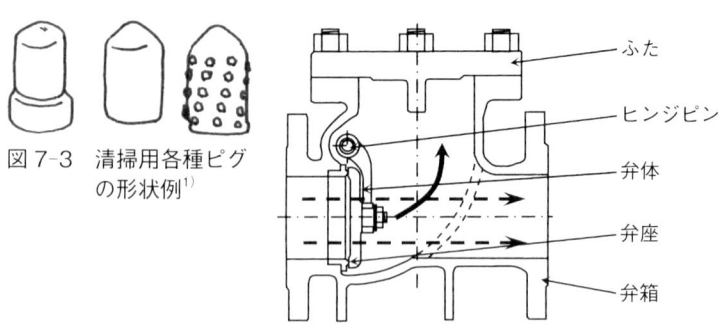

図7-3　清掃用各種ピグの形状例[1)]

図7-4　フルオープニング形逆止め弁例[1)]

　使われるバルブは石油精製用とほぼ同じですが、高温・超低温・高圧・耐食などの諸条件はさらに苛酷なものが多く、いきおいバルブの種類・材料とも特殊仕様のものが多いといえます。玉形弁・仕切弁・逆止め弁・ボール弁などの手動弁や自動弁が使われ、使用圧力はクラス150～2,500、弁箱材料は炭素鋼・低合金鋼・高合金鋼・低温鋼などと多様です。

　石油工業においては、硫化水素を含む湿潤環境（sour環境）となる設備が数多くあり、古くから材料の損傷が経験されていますので材料選定上要注意です。

　代表的な損傷形態としては、"硫化物応力割れ"や"水素脆性割れ"などがあげられ、これらは硫化水素と鋼表面の腐食反応によって生成された水素原子が鋼中に進入することで引き起こされています。

　これらの損傷形態の中で、特に硫化物応力割れ防止の観点からは、NACE（NACE International）MR0175規格が硫化水素分圧を用いた硫化物応力割れ発生環境の定義や、材料に対する要求事項などを規定しており、バルブの設計に対しても現在まで広く適用されてきました。

第8章

バルブの選定と使い方

　配管設計がなされ、管や管継手の選定の後バルブを利用する工程になります。具体的には、選定・発注⇒購入・養生⇒配管作業⇒試運転・運転⇒保守保全⇒廃棄という工程です。この流れは不変で一方通行ですから、前工程でのミスは後工程ではカバーができません。特にバルブの選定は、一見単純そうですが奥が深い部分もあり重要です。

　本章では、バルブ選びおよび使い方の"勘どころ（注意点）"を説明していきます。

8-1 ●バルブの選定要素

　第3章でバルブの選定要素の概要を示しました。
　バルブを選定する場合は、すでに「配管設計」が大方なされ、管や管継手（サイズや材料・管種など）がすでに決まっている場合が大半かと思われます。汎用流体には、管や管継手の選択肢が通常"複数"あるので、その中から機能だけでなく"調達性"や"経済性"も考慮して、その場所に最良と思われる方法を選びます。
　たとえば、"給湯"設備配管について考えると、管種として、①給湯用耐熱ポリ塩ビ樹脂ライニング鋼管（WSP043）、②一般配管用ステンレス鋼管（通称：薄肉ステンレス管 JIS G 3448）、③銅管（JIS H 3300）、④耐熱塩ビ（JIS K 6770）・架橋ポリエチレン（JIS K 6769）・ポリブテン（JIS K 6778）・三層複合管などの樹脂管、計4種類の選択肢があげられます。
　管種が決定すれば次に継手方式（管継手）を決定します。
　管継手は、決定した管種および接続方法に応じて各種の形状・機能のものが用意されています。前述の給湯用管種に対応する継手は、たとえば、①管端防食コア付きねじ込み形またはフランジ形、②溶接またはメカニカル継手（管用ねじは不可）、③ソルダー形（ろう付け）またはメカニカル継手、④押し込み接着・電気溶着またはメカニカル継手、などです。
　管種や継手が決定すれば、バルブの接続は基本的にこれらに合わせます。ただし、バルブ特に自動弁や自動制御弁などは、将来のメンテナンス性を考慮してフランジ形など「着脱が容易な継手形式」とすることがよいです。また、バルブに各種の接続形式がすべて用意されていることは多くないので、"バルソケ（バルブ用ソケット）"と呼ばれる「変換継手」も併用して配管します。
　バルブの接続端については、「3-7 管との接続」を参照ください。

表8-1に前述の給湯配管における配管材（バルブ）の組み合わせ例を示します。

バルブの選定で注意したいことは、"汎用弁"で対応できる仕様には限界があることです。第6章「図6-1 用途市場」で説明したとおり、バルブはさまざまな用途に合わせた"専用用途弁"が多く用意されています。汎用弁は、いろいろな用途市場を横断して、汎用流体を対象として標準的と思われる利用に焦点を当て経済性を重視して"標準化"したバルブであるため、たとえ圧力や温度範囲が使用条件に合致してもわずかでも「仕様（使い方）」を外れたところでは利用できないことがあることを理解しておかなければなりません。

たとえば、半導体用途の純水用、同ガス用の精密弁や食品・医薬用途のサニタリー弁に相当する部分です。また、航空機や遊園地設備などの制御

表8-1 給湯配管における配管材の組み合わせ例

番号	管	管継手	バルブ(止め弁)	備考（バルブ外観）
①	給湯用耐熱塩ビライニング鋼管	管端コア付きねじ込み形防食継手	管端防食コア付きねじ込み形青銅バルブ	
②	一般配管用ステンレス鋼管（薄肉管）	メカニカル継手（例：アバカス継手）	メカニカル継手付きステンレスバルブ（例：アバカスバルブ）	
③	銅管	ソルダー形（ろう付け）	ソルダー形青銅バルブ	
④	耐熱塩ビ管	押し込み接着（TS工法）	バルブソケット＋ねじ込み形青銅弁またはステンレス弁	

用油圧弁、原子力用途など、万一のバルブ故障に対する制御結果（トラブル）に対する保証リスクが過大になる用途（通常と異なる高度な安全性が求められる用途）にも汎用弁を利用することはできません。

8-2 ● バルブの設計

　バルブは圧力配管に用いるため、コンポーネンツであると同時にタンクやベッセルと同様な"圧力容器"でもあります。したがって、その設計は「孔付き円筒」や「球」などの形状容器として計算し耐圧設計（肉厚の決定）を行います。特に高温・高圧や超低温などの使用条件では、材料の強度低下やクリープ現象もありますから、その吟味も重要になります。また、"腐れ代"といって腐食による減肉をあらかじめ見積もっておいたり、"付加肉厚"といって鋳造法案上の理由で加算しておいたりなど、強度以外での調整もあります。

　バルブの設計について詳細に説明しますと"一冊の本（バルブ設計データブック）"になってしまいますので、本書では割愛します。各バルブがどのように設計されているかを詳しくお知りになりたい方は、各メーカーにお問い合わせください。

8-3 ● 用途による制限 　　　　（法規、認証、規格、購入仕様書）

　バルブに限らず設備や配管には、用途による各種の制限を受けるものが多くあります。その代表が"法規"です。法規で設備や配管に制限を設けているものには、水道法や消防法など直接人体の安全にかかわるものや、高圧ガス保安法や労働衛生法、ボイラ規則など、危険リスクを担保低減させるものなど、まさに"法の目"が張りめぐらされています。

第8章●バルブの選定と使い方

バルブもそれらの設備を構成する重要なキーパーツとして、法規で詳細スペックまで言及している場合もあり、法規を抜きにしてのバルブ選定は考えられません。

多くのバルブ関連法規では、利用が規定されていることに止まらず、「認証制度」も付帯しているケースが多く、法規に基づいて"認証品"を選ばなければなりません。

また、法規や購入仕様書では、"規格"を引用・指定しているケースも多く、関連規格についても熟知していなければなりません。

バルブの法規と規格については、第3章「3-9 バルブに関連する法規と規格」を参照ください。

豆知識

建築設備のデファクトスタンダードスペック

バルブや配管材料は、建築設備にとってきわめて重要な部材になっています。特に税金を使って建築する公共建築工事には、コストよりも長期間安心して利用できることが何よりも重要になります。消防や飲用水など人の生命にかかわる設備については、いうに及ばずその他の設備も国の購入図書である「標準仕様書」によって厳しく規定されています。

このため、民間工事においてもこの仕様書を準用することが、結果的に経済性でもメリットがあると思われます。配管部材のコストより取替え工事の費用のほうが高い場合が多くありますから、"安物買いの銭失い"にならぬよう注意したいものです。

信頼できる資料参照でOK！

8-4 ● 配管材料（流体や管種）による選定および注意点

（1） 流体による選定および注意点

　バルブを構成する材料は、流体や管種などに合わせて種々のものが用意されています。

　代表的な流体である"水"についてみると、消火用水や冷却水・冷温水など流体に配管のさびが混在しても問題ない用途では、通称"ガス管"と呼ばれる JIS G 3452「配管用炭素鋼鋼管（亜鉛めっき付きの白ガス管）」が主に用いられます。給水・給湯など流体にさびの混在（赤水）が許されない用途では、前述の"ガス管"の内面に樹脂を被覆ライニングした二層管「樹脂ライニング鋼管」が主に用いられます。

　原則、バルブの本体材料は管と"同等の材料"とします。ただし、バルブそのものは、流体を止めるという役目があるため、シートなどの要部がさびてしまってはその機能が果たせなくなります。したがって、50 A 以下の小口径サイズの鋼管に対しては、耐食的に上位（さび難い）の材料である青黄銅やステンレス（本体と要部とが一体で構成されている）を用います。65 A 以上の中大口径サイズでは、経済的な理由で本体に鋳鉄やダクタイル鋳鉄（ただし、要部は青銅やステンレスで構成）を用います。

　バルブの材料については、第3章「3-7 バルブの材料（本体・要部・補助材料）」を参照ください。

　"流体"による選定のポイントについて、何点か取り上げて説明します。

① 蒸　気

　蒸気は水の変態の1つですが、ガス状（圧縮性で爆発の可能性あり）・高温で危険流体であることが特徴です。このため、第4章 4-3 項の「止め弁（土形弁）」でも説明しましたが、スチームハンマ発生防止のため、

バルブを急開放ができない構造のバルブ、すなわち「玉形弁」を適用します。最近では、軽量コンパクトなバタフライ弁（PTFEシート・メタルシート）も低圧の蒸気ラインの止め弁に多く適用されるようになっています。バタフライ弁を蒸気ラインに適用する場合は、急開放ができないようにウォームギヤ式操作機付きとします。

あっちち！

② **浸透性の高いガス**

第2章「2-4 シール理論」の項でも流体が水の場合と比較して流体が空気の場合漏れやすいことを説明しましたが、空気と同じガス流体でも種類によっては"漏れやすさ"が異なります。特に分子量が空気や窒素に比べて小さい水素やヘリウムなどは、きわめて浸透（透過）性が高く漏れやすいのです。場合によっては、パッキンやガスケットなどを適切な材料へ変更することもともないます。このため利用に当たっては、メーカーの使用条件（検査条件）を確認したり、使用可否を問い合わせたりすることが必要となります。条件によっては、汎用弁（メーカー仕様品）では対応できず「ガス用の精密バルブ（ベローズ弁やメタルダイヤフラム弁など）」としなければならない場合もあるため、選定に当たっては注意しなければなりません。

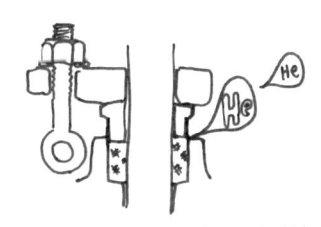

水素やヘリウムはパッキンを貫通し漏れやすい

③　燃料ガス（LPガス・都市ガス）

燃料ガスは可燃性流体として危険性・爆発性を有しており、LP（液化石油）ガス消費設備用（低圧ガス）としてバルブを用いる場合は、液化ガス法（液化石油ガス器具に対する規制）により、適合性検査合格品（認証品）としなければなりません。また、燃料ガス製造設備（中圧・高圧・極低温など）では、液化ガス法および高圧ガス保安法などの適用を受ける場合があり、バルブの選定は注意しなければなりません。

④　油（燃料油）

油、特に白灯油や軽油、ジェット燃料などの「液体燃料油」は常温で液体（非圧縮性流体）であるため、漏れやすさについては水とさほど変りません。しかし、可燃性流体で火災時の危険性をともなうため、漏洩発生事故によるリスク発生を最小限に止める管理が要求されます。

消防法で規定される"危険物貯留ライン"では元弁の本体材料には「鋳鋼製」を求めており、外力（衝撃）によって割れを生ずる可能性のある鋳鉄や青銅材料の適用は、法規違反となるため避けなければなりません。この場合は、強靭な鋳鋼またはダクタイル・マリアブル鋳鉄とします。鋳鋼またはダクタイル鋳鉄は、外力で凹むことがあっても割れないので流体が外に漏れません。

あ～やっちまった！

（2）　管種による選定および注意点

①　異種金属接触腐食に対する注意

3-7（3）項で説明しましたが、水系の配管において、ステンレス鋼管や銅管などの電気化学的に"貴"な金属製の配管に、鋳鉄、ダクタイル

鋳鉄、炭素鋼などの電気化学的に"卑（さびやすい）"な金属製のバルブを接続した場合には、バルブの接続部の腐食が加速的に促進され短期間でバルブ機能を損なうことがあります。したがって、ステンレス管や銅管の配管内に"鉄系"のバルブを見つけたらすぐに交換されることをお奨めします。

流体が常温水の場合には、ステンレス配管に銅合金製のバルブ、およびアルミ合金製バタフライバルブは利用可能です。高温の湯の場合は、ステンレス配管にはステンレスバルブを適用することが原則です。

② 給水用ライニング鋼管

水道用硬質塩化ビニルライニング鋼管（JWWA K116）、および水道用ポリエチレン粉体ライニング鋼管（JWWA K132）に取り付けるバルブは、接水部が鋳鉄製のバルブはナイロンライニングバルブとし、ねじ込み形のバルブは、給水用鉛フリー銅合金製の管端防食コア付きバルブを利用します。

③ 給湯用ライニング鋼管

水道用耐熱性硬質塩化ビニルライニング鋼管（JWWA K140）に取り付けるバルブは、ねじ込み形のバルブは、給湯用鉛フリー銅合金製の管端防食コア付きバルブとし、フランジ形のバルブは、ステンレスバルブを利用します。ナイロンライニングバルブは、給湯用には利用できません。

④ 薄肉ステンレス鋼管

一般配管用ステンレス鋼管（JIS G 3448）および水道用ステンレス鋼管（JWWA G115）には、メカニカル継手付きバルブを利用します。この継手は、配管用ステンレス鋼管（JIS G 3459）専用です。給水では、腐食電位差に開きが少ないとして鉛フリー銅合金製のバルブも利用可能ですが、給湯ではステンレスバルブの利用が推奨されています（出典：ステンレス協会）。

この管では「管端つば出し加工」といって、フランジ接続で「ラップジョイント」の代わりに管端を折り曲げ加工してフランジ形のレイズド

面(大平面座)を構成する工法も経済性が高いため多く利用されています。

レイズド面の加工によってその外形が小さいとウェハー形ゴムシート中心形バタフライ弁への取り付けができないことがあるため、事前確認が必要です。

(3) バルブ利用上の注意点
① 流れ方向(制限)

バルブは「流路を開閉することができる可動機構をもつ機器」であるため、機能や構造によっては、流体の流れ方向が決まっているものが多く存在します。一般に仕切弁、ボール弁、ゴムシート中心形バタフライ弁などの二方開閉弁には「流れ方向」の制限はなく、配管設置は、正流・逆流自在(両方向止め)です。しかし、仕切弁、ボール弁、バタフライ弁などの一部には、構造やジスクホール付きなど具備する付加機能で流れ方向が制限される場合があります。また、玉形弁や逆止め弁はその構造・機能から流れ方向が決定されており、配管設置時には注意が必要です。

流れ方向に制限を有するバルブは、必ず流れ方向を示す"矢印"などの識別が鋳出しマークや銘板などにより製品に表示されています。

一般的な配管では流れ方向が決まっている場合が多くありますが、水道配水管網(途中のバイパス系管)などでは、末端の使用量の負荷変動に応じて流れ方向が変わるラインもあります。

流れ方向が違っているよ!

② 流　速（制　限）
　一般的な配管設計では水などの液体（非圧縮性流体）の流速は 2 〜 3 m/秒、空気などの気体（圧縮性流体）の流速は 10 〜 20 m/秒程度と「バルブユーザーガイド」などの資料で示されていますが、用途によって異なります。また、バルブ自体の流速制限は各バルブにより異なるため、メーカーの取扱説明書や資料を参照ください。表 8-2 に配管内の基準流速（液体抜粋）を示します。

表 8-2　配管内の基準流速（液体抜粋）（出典：JV ユーザーガイド）

配　管		基準流速〔m/s〕
工場一般給水		1 〜 3
公共用	一般用	1 〜 2.5
	公共用	0.6
高圧水（5 〜 10 MPa）		0.5 〜 1
渦巻きポンプ	吸込管	0.5 〜 2.5
	吐出管	1 〜 3
ピストンポンプ	吸込管	1 以下
	吐出管	1 〜 2
水力発電所鉄管		2 〜 5
消化用ホース		3 〜 10
ボイラ給水		1.5 〜 3
暖房用温水管		0.1 〜 3
海水		1.2 〜 2.0

③　取付け姿勢（バルブ設置上の姿勢制限）
　配管の途中に配されるバルブは前項『8-4（3）の①流れ方向』とともに、バルブの種類によっては配管する状態（姿勢）に制限を受けるものが多くあります。配管には、一般に、
　(a)　水平（立形、または横引配管：vertical installation in horizontal piping）と

(b) 横形設置（横向き・横倒し：horizontal installation in horizontal piping）、下向き設置（天地逆吊り）

との2つの形態（特殊なケースでは、45°傾斜配管なども存在します）があり、加えて水平配管でも「立形設置（正立）」、

　(c) 鉛直（平置設置、または縦配管：horizontal installation in vertical piping）

など設置場所の状況に応じてバルブの取付け姿勢はさまざまになります。図 8-1 に(a)、(b)および(c)を示します。

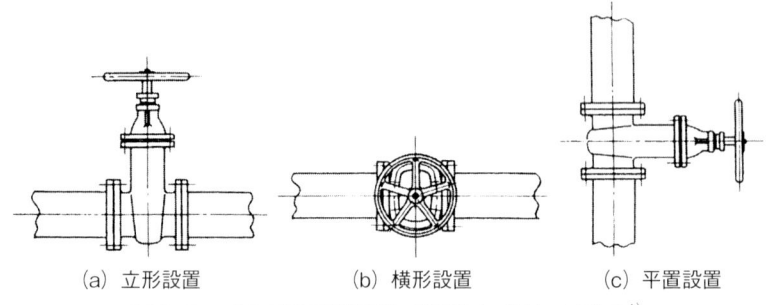

　　(a) 立形設置　　　　(b) 横形設置　　　　(c) 平置設置
図 8-1　バルブの設置状況（姿勢(a)、(b)および(c)）[1]

　バルブの種類の中では、特に逆止め弁には弁体自身の重力によって逆止め機能を構成する構造のものがあり、取付け姿勢に制限を受けるものが多くあります。たとえば、4-3 (3) 項「逆止め弁」のリフト式逆止め弁は、(a)水平配管・正立以外の配管姿勢には利用できない、など制限が多くあります。

　取付け姿勢の制限については、メーカーから取扱説明書や資料が出されているので、これを参照ください。

④　流れの状態（制限）

　バルブは原則として同一の呼び径の配管ラインに設置されますが、逆止め弁や自動制御弁などサイズを縮減（reduce）・拡大（enlarge）することが一般的な配管設計として行われることがあります。

　バルブには、内部通過流速の制限とともに、主に上流の流れの状態

(偏流や渦流の発生）から影響を少なからず受けることがあります（第2章 2-3（1）項参照）。特にウェハー形デュアルプレート式逆止め弁やバタフライ弁については、上流および下流に一定の"直管部（一般には管径の5倍以上）"の整流域を設けて流れの悪影響を排除することが必要なケースがあるので注意してください。

流れの状態制限については、メーカーから取扱説明書や資料が出されているので、これを参照ください。流れの状態にかかわる資料の一部を図8-2に示します。

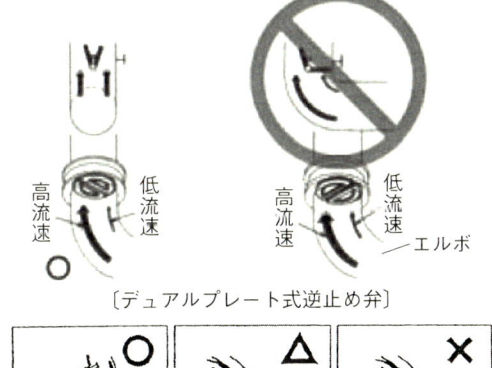

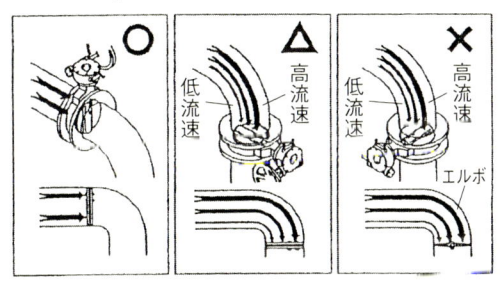

〔デュアルプレート式逆止め弁〕

〔バタフライバルブ〕

図8-2　バルブの設置に対する流れの状態（制限）[1]

⑤　異常昇圧対策（バルブ内部の圧力異常）

仕切弁やボール弁など弁体の両側に弁座を有する構造（両面シール）のバルブに生ずるトラブル現象で、流体の温度差による膨張係数が高い液体や気化性の液体で生じやすい傾向があります。この現象をキャビテ

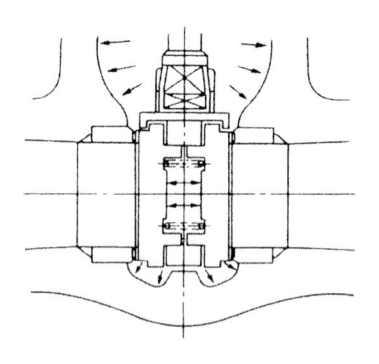

図 8-3
バルブの異常昇圧例
(仕切弁)[1]

ィ（center cavity）の異常昇圧（excessive buildup of pressure）と呼びます（**図 8-3** 参照）。玉形弁やバタフライ弁などの1枚シートではバルブ内には発生しません。

対策としては、一次側への「ジスクホール（貫通穴）」の設置（仕切弁・ボール弁）や異常昇圧防止弁座構造（ボール弁）の採用などが有効です。**図 8-4** にバルブの異常昇圧対策例を示します。

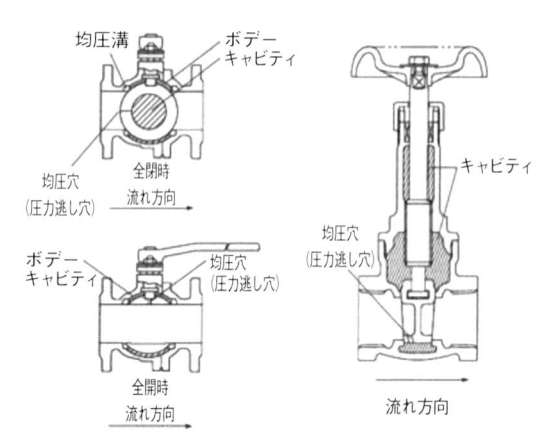

図 8-4　バルブの異常昇圧対策例（ボール弁・仕切弁）

なお、配管では「締切り昇圧（dead end shut off）」といって調整弁の二次側のバルブを締切ることによって設定圧力以上に上昇してしまうことがありますので、2つのバルブとバルブ間の配管でも異常昇圧に注意

する必要があります。

⑥ バルブ操作の動線検討およびメンテナンススペース確保

バルブには開閉操作にともなう「動線」とメンテナンス時に必要となる「分解スペース」とが必要になります。「動線」とは、たとえば、90°開閉形のレバー式ハンドルが開閉操作にともなって回動する空間で、事前にその動線に障害物がないか確認しておく必要があります。また、「分解スペース」は、電動操作機のカバーを外す場合、必要となる空間やストレーナを分解掃除するためのスクリーン引き抜き空間などをいい、こ

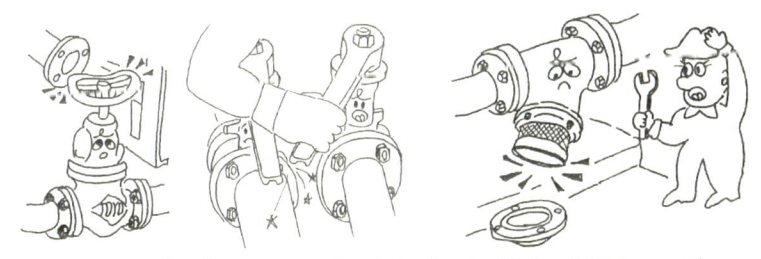

図8-5 バルブ・ストレーナのトラブル例（動線・分解スペース）

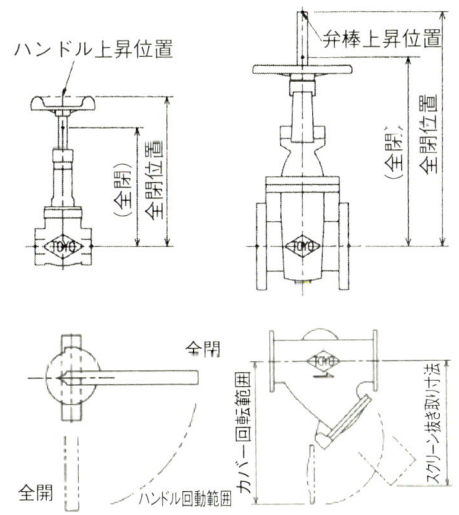

図8-6 バルブ・ストレーナのCAD用姿図例（動線・分解スペース検討）[1]

の確保はバルブのオンラインメンテナンス上重要です。

通常これらの確認は、製品カタログや納入品図面で確認しますが、最近では、CADによる実体配管設計が主流になっているため、"CAD姿図データ"を用いると「動線」と「分解スペース」とが同時に図面上で確認でき便利です。

図8-5にバルブ・ストレーナの「動線」と「分解スペース」のトラブル例を、図8-6にCADデータ例としてメーカーから提供されているCAD用姿図とを示します。

⑦　バルブのサポート（支持）

設備配管を設置する場合、配管のサポートは技術上重要です。特に運転時は、配管内に水などの流体が充満し、通常配管総質量は相当の重さになります。プラントや工場ユーティリティ設備の配管において配管は地上に置かれることが多いですが、建築設備や工場屋内設備配管においては、商用・製造設備スペース確保の観点で天井から吊り下げて設置されることが多くあります。

バルブは配管の一部であるため、ほとんどのケースは配管全体のサポートとして考慮されますが、特にサイズが大形になるとバルブ質量が大幅に増すため、バルブ単体でも適切なサポートを考慮する必要があります。また、調節弁などはバルブ本体に比べて操作部が大きく重いものもあるため、事前にメーカーと相談されることがよいです。

バルブの本体はある程度の配管応力に耐えうる設計をされていますが、"想定外の配管外力"が加わる場合があり、過度な応力はバルブ機能にも影響を与えることがありますので注意してください。適切な配管緩衝方法やバルブサポートを考慮するとともに、本体割れに対するリスク対策が必要な場合には、割れ難い材料（例：鋼、ステンレス、ダクタイル鋳鉄製）を適用します。

⑧　管用ねじ配管作業の"コツ"

一般的に利用される管用テーパねじ接続では、ねじを工具締めする場合の基準トルクが決められています。管の種類（鋼管・ライニング鋼管

管端防食コア接続・転造ねじ）やシール剤の種類によって数値に若干の差異があります。しかし、配管施工現場で"トルクレンチ"を用いてその数値を管理しているという話はほとんど聞いたことがなく、通常は配管作業者の"感覚"に頼っていることが多いと想像します。

　強度を有する鋼製継手と管との接続は問題なくても、鋼製管に比べて材料（青黄銅）強度が劣るバルブについては、"ねじ込み過ぎない"ように注意しなければなりません。1つの対策方法として、手動でねじ込めるはめ込み位置（"手締め位置"と呼ぶ）から約1.5～2回転（山）を呼び径に適切な長さの専用工具でさらに締め込む（"工具締め"と呼ぶ）ことをメーカーでは奨めています。いわゆる「（締め込み山数の）山数管理」です。

　青黄銅製バルブ（めねじ）は、軟らかいので工具で強く締め込むと端部が広がって管がいくらでも入っていくため、「バルブ突き」や「端部割れ」などのトラブルを生じやすいのです。

8-5 ● バルブ取扱い上の注意点
　　　（施工、試運転調整）

　一般にバルブは金属の塊で頑丈に見えますが、実は非常にデリケートな製品といえます。

　本体が重いため、ハンドルや弁棒などは本体に比べると極端に強度が落ちます。落下禁止はもちろん、その取扱いには十分な注意が必要です。

　配管への設置に際しては、流れ方向や取り付け姿勢が決められているものも多く、取扱説明書に従って正しく取り付けることが重要です。また、施工時に配管内部に残留したゴミなどの異物が原因となる通水（通気）初期のトラブルは意外と多く発生していますので、配管の洗浄やフラッシングを十分に行うことも重要です。

豆知識

ステンレスって万能？

　設備配管を長もちさせるためには、耐食性をアップさせることも効果的です。最近では「超高耐久住宅システム研究」などで配管材料のオールステンレス化方針が打ち出されています。ステンレスは、クロムやニッケルなどを含んだ「高合金鋼」のことで、金属表面に薄い不導体被膜が形成され、これが鋼表面をさびから守ります。ただし、「ステンレス」とは文字どおり「stainless＝さびにくい」という意味であって、けしてステンレスが万能でさびない材料ではないことを理解して使いたい！

　ステンレス材料にはいろいろな種類・形態がありますが、「18-8」と呼ばれるクロム18％、ニッケル8％を含有したオーステナイト系ステンレスが流し台や車輌など配管材料に限らず国内のいたるところできわめて多く利用されデファクトスタンダードになっています。

ステンレスさんて意外とナイーブなのね！

第9章

バルブの管理・メンテナンス

　バルブは定義にあるとおり、"可動部を有する機器"であるので、車や設備機器と同様日常点検や保守・保全の実施が必須です。本章では、主に汎用弁についての管理・メンテナンスについて考えてみます。

9-1 ● 保守・保全（メンテナンス）、廃棄

（1）保守・保全の考え方

　多くの方が配管やバルブについて関心を持っている事柄に「耐用年数（または耐用寿命）」があります。いわゆる「何年もてば"よし"とするか？」です。

　バルブの使命としては、配管装置や機器の交換時にバルブを操作して流体を止めることが多いため、ユーザーは少なくとも配管装置や配管機器（一般に耐用年数は 15 年）よりも"長い"耐用年数を期待することは当然だと思われます。しかし、バルブは内部に可動機構を有する機器であるので、管や管継手と同様に「メンテナンスフリー」と考えて扱うことは間違いです。

　基本的にバルブは部品交換や修理を行いながら"期待耐用年数"を保持していく物品です。一方、バルブはそのものが「配管の一部品（部材）」と言う性格も有しており、前出のバルブの部品交換や修理を行ってメンテナンスを行うか、バルブごと新品に交換してしまうかは、経済的な検討にゆだねられることになります。

　現実的にはプラント用途や工業用途の特殊なバルブ、自動弁など比較的高額なバルブは、部品交換や修理を行ってメンテナンスすることが多く採用されていますが、安価な手動汎用弁については、経済性を考慮するとバルブごと交換してしまうことが多くあります。また、バルブが健全でも他の配管部材（管や継手）の老朽化により更新を行わざるを得ない「共連れ交換」も発生することがあります。

　図 9-1 に部品の故障率の推移（一般的な耐用年数の考え方）を示します。この図は通称「バスタブ曲線」と呼ばれ、配管技術の関連書籍にもたびたび登場しています。

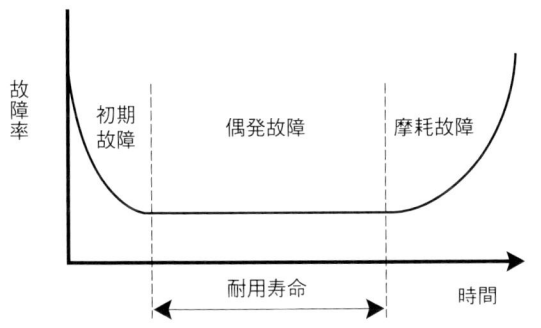

図9-1 部品の故障率の推移（故障率曲線）
(出典：パンフレット「定期的な保守・点検のおすすめ」
(一社) 冷凍空調工業会 業務用エアコン委員会発行)

（2） 事後保全と予防保全

バルブに限らずすべての装置や機器についていえることですが、事後保全と予防保全とでは期待耐用年数を確保する観点からはまったく成果

豆知識

「共連れ交換」って何？

　設備配管では、管・継手・バルブが主な配管材料としてこれを構成しています。これらの材料はそれぞれに耐用年数を有していますが、同一であるとは限りません。理想的にはすべて同時に寿命を迎えられれば効率がよいのですが、結果としてばらばらになることが多くあります。一番先に耐用年数を迎えた材料に合わせて更新工事が実施されるため、まだ寿命がある他の部材も一緒に取り換えてしまう必要があり、このことを建築設備業界では「共連れ」交換と呼んでいます。

　人間の世界（夫婦）では、「共連れ」は少ないようで、奥様の方が、一般的に寿命が長いようですね！　わしもうだめ！それじゃ私も付き合うわ！

が異なります。トラブルが発生してからの事後保全では、現状復旧に相当なパワーを必要とすることが多く、営業停止や生産停止などの結果被害も少なくありません。ぜひ日頃の計画的な予防保全を実施してください。特に流体が流れている間"常に"弁体が動いている逆止め弁や調整・調節弁などは手動の止め弁に比べ遥かに作動回数が多いため、耐用年数が短いことが多いので注意が必要です。

また、バルブにトラブルが発生する場合は、いきなり壊れることは稀で、事前に何らかの異常シグナル（異音、異常振動、微細な漏れなど）をともなうことが多いので、日常点検がきわめて重要です。手動の汎用弁などほとんど触ったことがないというメンテナンス技術者の方もおられると思いますが、バルブも機械物なので少なくとも半年から1年に1回は開閉操作を行って作動点検してください。バルブを作動させるという行為は、トラブルの一要因の"付着を防ぐ"という意味でも有効です。

（3）偶発故障と劣化故障

偶発故障とは、利用中にある部品（バルブ）のみが何らかの原因で故障を起こすもので、同じような使われ方をしている他のものは問題なく稼働しているケースです。

発生原因には「ゴミ噛み」や「配管応力」などの外的要因や、「鋳物不良」や「加工・組立不良」などバルブそのものの内的要因もありますが、基本的に故障品のみ「修理または交換」すれば解決します。

メーカーが保証期間として「稼働後1年間」を定めている理由は、偶発故障の内的要因はそのほとんどが1年以内には現出することが根拠となっているからです。劣化故障とは、「経年劣化」とも呼ばれ利用中に摩耗や腐食、時には付着・堆積などを原因として故障を生ずる現象で、いわゆる"寿命"と解釈される故障です。

メンテナンスを行うか、バルブごと交換してしまうか、を決定しなければならず、同一の時期に同一使用条件に利用されているバルブは現状の良否を問わずすべて対象（寿命）とすべきです。

9-2 ● 耐用年数と保証期間

（1） バルブの耐用年数

　バルブの耐用年数を特定することは、個々の使用条件が大きく異なるため極めて難しいものがあります。人間と同じで「平均寿命80歳」といっても、個々に見れば赤子で亡くなるケースもあれば、百歳まで元気で生きるケースもあり、すべてが算術平均の80歳まで生きるわけではありません。法定（経理上の機械設備減価償却）耐用年数では、多くの設備や配管系機器と同様にバルブも15年とされています。ただし、これはあくまでもユーザー側の期待上の理想値です。

　メーカー側では、使用条件や環境がそれぞれ異なるため、バルブの耐用年数については一切公表していませんが、バルブユーザー側では、自身の装置への組み込み用バルブとして耐用年数をおおよその目安で決めているところが多くあります。たとえば、（一社）日本冷凍空調工業会の業務用エアコン委員会発行のマニュアルでは、エアコン機内の配管やバルブ（止め弁）の耐用年数を偶発故障期間約8年、その後点検・メンテナンスを実施して後、摩耗（劣化）故障期間約7年の計15年であることを記載しています。ただし、ここに記載はありませんが、常時頻繁に作動している「逆止め弁」については、耐用年数は一般の止め弁に比べ相当短くなることが予想されます。**表9-1**に耐用年数の各種定義例を示します。

　また、比較的利用する条件が安定化されている"水栓類"については、（一社）日本バルブ工業会水栓部会で適切なメンテナンス・消耗部品交換を実施する条件付きで、「10年以上」を設計耐用年数として製造していることがホームページに掲載されています。ただし、前出と同様、常時弁体が作動している逆止め弁については、止め弁と異なり「3～5年」としており、止め弁に比べて著しく短くなっています。

　汎用弁（手動弁類）については、「正しい選定と適切なメンテナンスと

表 9-1　耐用年数の各種定義

耐用年数	内　　容
・物理的耐用年数〔故障寿命〕	経時的な劣化、摩耗などによって定まる耐用年数で、使用目的に応じた大幅な機能、性能低下なしで、運転可能な状態を維持できる期間。これは、非修理系の機器・部品に適用される。
・経済的耐用年数〔耐用寿命 有用寿命〕	経済的要因によって定まる耐用年数で、故障率が著しく増大して保全費用が多くなったり、性能低下により運転費用が増加して経済的に引き合わなくなるまでの期間。これは修理系の機器に適用される。
・社会的耐用年数	新しい機器が普及して、現在の機器の機能、性能、外観などが陳腐化したり、使用エネルギーの供給状態の変化、公害などの社会的要求度の変化などによって、使用が著しく不利になったり、困難になった場合の期間。
・法定耐用年数	固定資産の減価償却のために省令で定められた期間。

（出典：パンフレット「定期的な保守・点検のおすすめ」(社) 冷凍空調工業会 業務用エアコン委員会発行）

を行えば、その寿命は、相当期待できる」といえます。ただし、それぞれの設置現場で使用条件や保守保全の実施条件が異なり、加えて経済的なバルブの耐用年数の"判定基準"は、各設備ユーザーで異なるため、想定寿命＝XX年とは、定量的に特定できないのですが…。

　ここまで「耐用年数が短い」と脅かすわけではありませんが、現実にビル設備の空調設備や消防設備配管などでは、平気で25～30年も利用されているバルブ（ただし手動の止め弁）が多いことも事実です。消火用水を利用した消防設備配管およびそのバルブ類が比較的長寿命であることを筆者なりに検証すれば、

① 流体の水が常時停止していて機器への異物付着性も低い
② 作動回数が微小（火事や点検時のみ作動）
③ 水が交換されないので溶存酸素や塩素を含まなく腐食性が低い（"死に水"とも呼ばれる）

④ 法定で少なくとも年1回の点検(作動テスト)が実施されることなどが理由であろうと推測されます。ちなみに(一社)日本消火装置工業会の資料「消火設備機器の維持管理について」では、10年目のオーバーホール実施を前提として閉止弁(止め弁)の交換時期の目安を18～20年として示しています。

一般的な弁類・管材の耐用年数として公表されているデータを**表9-2**に示します。

表9-2　弁類・管材の耐用年数

〔単位：年〕

名称		形式	法定耐用年数 ①	建築物のライフサイクルコスト ②	耐用年数 ③	BELCA耐用年数 ④	実使用年数本体/標準偏差 ⑤	メーカー目標耐用年数 ⑥	予防保全耐用年数 ⑦	事後保全耐用年数 ⑧
弁類	給水	青銅弁	15	—	10～15	—	—	—	—	—
		鋳鉄弁(ライニング弁)	15	—	10～15	—	—	—	—	—
		ステンレス弁	15	—	25～30	—	—	—	—	—
	給油	青銅弁(脱亜鉛腐食防止形)	15	—	10～15	—	—	—	—	—
	排水	青銅弁	15	—	10～15	—	—	—	—	—
		鋳鉄弁(ライニング弁)		—	10～15	—	—	—	—	—
		減圧弁	15	15	—	—	—	—	—	—
		ストレーナ	15	—	—	—	—	—	—	—
		安全弁	15	15	—	—	—	—	—	—
		定水位弁	15	15	—	—	—	—	—	—

(出典:「設備と管理」2011年4月号、設備の耐用年数、安藤紀雄氏資料)

〔注〕②：、③：
②建築物のライフサイクルコスト(LCC)は「建築物のライフサイクルコスト」((財)建築保全センター編集、平成5年)の計画更新年数による。
③(社)日本住宅設備システム協会：住宅設備に関する耐久性総合研究報告書を参考に作成

比較的作動回数の少ない手動止め弁は、腐食や劣化、付着や堆積などで耐用年数が決まることが多くありますが、作動回数の多い逆止め弁、調節弁、調整弁、電磁弁などは、作動回数も耐用年数が決定される主要なファクターとして考慮しておく必要があります。

作動回数による設計寿命の大まかな目安として、バルブについて1万

回、操作機について10万回くらいが自動開閉弁の耐久性として考えておいてよいと思います。

（2） 修理系と交換系

9-1（1）項でも説明しましたが、一般的に高額な大形設備（装置）については、部品交換を含む修理を行いながら利用しますが、「バルブ」についてはこの修理系とバルブごと交換してしまう交換系との両面を有します。

基本的には「経済性」でこの方針を決定しますが、建築設備配管用の安価な汎用弁はどちらかというと交換系に属します。ただし、ハンドル

豆知識　　「死に水」って何？

人間が飲用する水は、有害菌がなく清浄な水であることが必要です。給水（上水）は清浄でかつ殺菌されて供給されています。元は飲用水でも長い期間"停滞する水"は次第に腐敗し有害菌が増えるので飲めなくなります。この状態を「死に水」とも呼んでいます。溶存酸素や塩素が徐々になくなっていくため、死に水の管材への腐食性は給水に比べて遥かに低いため、消火設備配管は一般に長持ちします。常時動いている水は腐らないとして、昔は航海に水樽を積んで行ったことが記録されています。川も淀んでいるところは腐敗していますよね。直結水道でも1週間以上使用していない水道の水はしばらく捨て流しして、すぐには飲まない方が賢明です。

ぼくたち水のゾンビ！

などの破損しやすい部品やパッキン・ジスク入り弁体などの消耗部品はメーカーが提供しているので、交換修理することができます。

　現在のプラントや建築設備の現場では、昔ほどメンテナンスの専用要員がいなくなってしまい、かつ保守保全の技術力も十分に維持できていないと思われるため、バルブを交換系として扱うケースが増加しているようです。修理交換を含む予防保全を行いながらバルブを利用する装置（図9-2例では業務用エアコンが対象）の耐用年数を延長してゆく考え方を図9-2に示します。この図からわかるように、予防保全と事後保全とでは、実に3倍も耐用年数が異なっています。

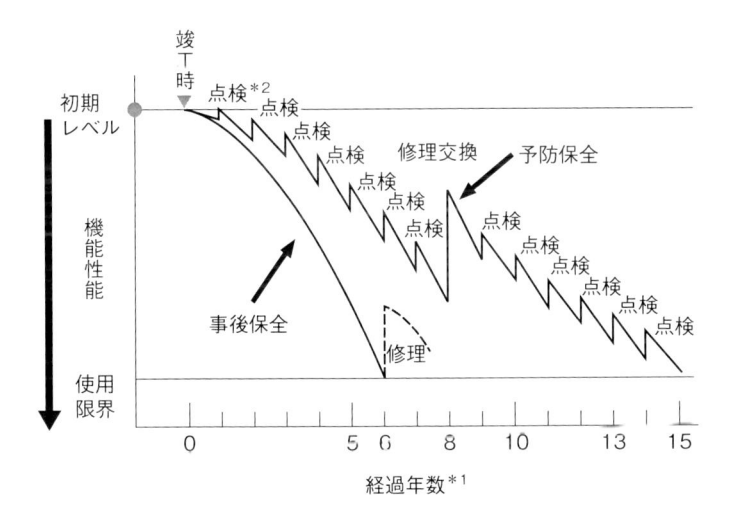

*1 経過年数は頻繁な発停のない通常の使用状態で10時間／日、2,500時間／年と仮定した場合
*2 点検とは、点検の過程で必要となった保全内容を含む

　　図9-2　耐用年数延長の考え方
　　　　　（出典：パンフレット「定期的な保守・点検のおすすめ」
　　　　　（一社）冷凍空調工業会業務用エアコン委員会発行）

（3）　耐用年数を阻害する要因

　前項までに「正しい選定＋正しい配管施工・運転＋正しい保守・保全」を確実に実行すれば、バルブの耐用年数は相当長く期待できると紹介し

ました。したがって、裏を返すと、それぞれの過程で正しくないアクションを採れば、短期間でバルブ故障（トラブル）を生ずる可能性があるということなので注意してください。しかも前工程でのボタンの掛け違いを後工程で修正することは著しく難しく費用も要するので、特に「正しい選定」には留意してください。また、「配管」としての観点から見ると、バルブに起因した管側の腐食トラブル発生などもあるため、バルブ単体にとらわれずに配管全体を広くチェックすることが重要です。

（4） 保証期間

　メーカーの多くは「バルブの保証期間」として使用後1年間または、販売後1年半（18カ月間）を定めています。両者の差異は、配管設置施工期間のロス（6カ月間）を見込んだものです。保証は、無償修理または製品の無償交換のみに限定されており、取替えに係る配管工事費用やバルブの故障による波及経済損失などは原則保証対象になっていません。ただし、保証期間を過ぎてもメーカー責任によるバルブの故障に起因して人的な被害や物的な損失を生じた場合は、PL法（製造物責任法の略称。製造物の欠陥により製造物の使用者が生命・身体・財産などに損害を受けた場合、製造業者が被害者に対して負う損害賠償について定めた民事特別法）に準じてメーカーが対処する場合もありますので速やかに連絡することが必要です。

　保証期間の考え方は、前出の「初期故障は12カ月以内に現れる」という家電製品など一般的な民生品と同様の考え方がバルブにも採用されています。なお、故障時の調査のため、ユーザー自身がバルブを分解する必要がある場合、「分解調査」を禁じているメーカーもあるため、取説（保証条件）をよく読んで対処してください。これはユーザー側で分解されると故障の原因がメーカー側で解明できなくなる場合が多くあるための措置です。

9-3 ● バルブのトラブル現象

　汎用弁のトラブルは、バルブを利用する流れに沿って発生します。すなわち、選定⇒保管・養生⇒配管施工⇒試運転・調整⇒運転⇒保守・保全⇒廃棄の各工程です。

　ここで重要なことは、各工程でのミスは、その工程を含む以降の工程では解消・改善することはできないということです。すなわち、「ボタンのかけ違い」は、元に戻らなければ直らないということです。したがって、特に選定時は万全の注意を払って行わなければなりません。

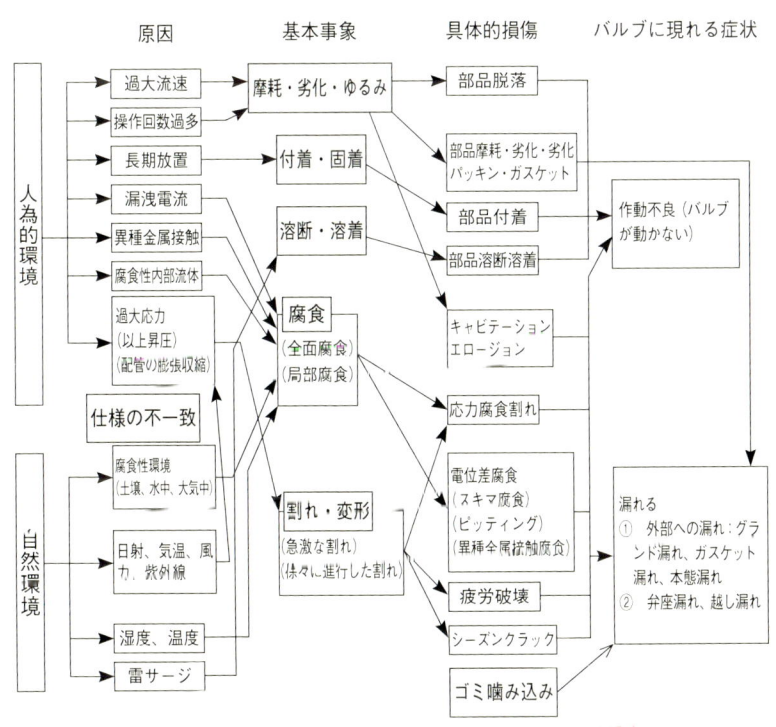

図9-3　バルブのトラブル現象とその要因（前出持氏資料）

バルブに生じるトラブル事例と対策については、前田持氏報文 配管技術 2006 年 5 月号「経年劣化に伴うバルブのメンテナンス」にそれぞれバルブのメンテナンスに関するポイント（ただし、プラント・装置向けバルブ）が掲載されているので、参考にされると良いでしょう。

　図 9-3 に同報文の「バルブに現れる現象とその原因」（筆者が一部追加修正）を示します。

　図 9-3 に示すように、トラブルの要因や事象、損傷具合は、実にさまざまですが、バルブそのものに現れるトラブル症状としては、「作動不良」と「漏れ」との 2 つしかないということです。バルブ技術は、シンプルなのに奥が深いといわれるゆえんがここにも存在しています。したがって、症状からはその原因を探ることはきわめて難しい場合もあります。

　水系流体でのバルブトラブルには、腐食が要因となる場合が多くありますが、意外とその逆の「付着」が要因となって生ずる場合もあるのです。また、メーカーに連絡される苦情の多くが"ゴミ噛み込み"を要因とする「シート漏れ」です。

　しだいに流れが悪くなった場合は、まず「ストレーナのゴミ詰り」を疑ってみてください。

あ～あ！やっぱりお前か！

9-4 ● 汎用弁のトラブル現象・要因・対策

（1） 水系流体による金属の腐食

金属製バルブの腐食については、第3章3-7（3）項で水系流体におけるトラブル「異種金属接触腐食」の説明をしました。腐食トラブルはバルブそのものに生ずる場合と接続される管に生ずる場合とがあり、その代表例を2点示します。

① 銅管、ステンレス管に設置された鉄系バルブの腐食トラブル

たとえば、ステンレスまたは銅の配管ライン（管と管継手）に鉄系のバルブを設置すると、異種金属接触腐食に加えて、配管上のバルブの面積は管系のそれに比べ著しく小さく太平洋に浮かぶ小島のごとくなるので、極めて短期間でバルブにさびが集中発生するトラブルに至る事例が建築設備では多く報告されています。図9-4にステンレス鋼管配管中に設置した鉄系バルブの短期間での腐食トラブル（さび瘤によるシート漏れおよび開閉操作不能）を示します。

図9-4　ステンレス鋼管配管中に設置した鉄系バルブの短期間での腐食トラブル例

トラブル対策としては、銅管、ステンレス管には鉄系バルブ（ただし樹脂ライニングされたものを除く）を設置しない。銅合金またはステンレス製バルブとしてください。また、このような配管を現場で見つけた

ら直ちにバルブをさびないものに交換してください。

② **銅合金、ステンレス製バルブに接続された"鋼管"の腐食トラブル**

水道用鋼管の赤水対策として、それまでの「白ガス管（内外面亜鉛めっき鋼管）」に代わり 1970 年代後半から「内面樹脂ライニング鋼管」が登場してきました。この鋼管は、内面を塩化ビニル樹脂やエチレン樹脂でライニング施工したもので、管内のさび発生対策は果たしたものの、ライニングが及ばない鋼管の「ねじ込み部管端」にさびが集中して発生したり、鋼管ねじが腐食折損したりするトラブルが多く発生しました（図 9-5 および図 9-6 参照）。

(a) ねじが欠落した　　(b) 管端からさびを　　(c) さび瘤が形成さ
　　ライニング鋼管　　　発生したコアなし　　　れたライニング
　　　　　　　　　　　　青銅製バルブ　　　　　鋼管

図 9-5　コアなしバルブにおけるライニング鋼管配管系腐食トラブル事例

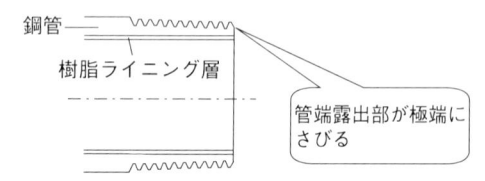

図 9-6　ねじ込み形樹脂ライニング鋼管の管端露出（腐食トラブル）

これに応じて管端防食（コア付き）管継手が 1980 年代後半から発売されました。ほぼこれと同時に管端防食コアを有した専用バルブも発売され、以降給湯用塩ビライニング鋼管も併せて、給水・給湯設備におけるライニング鋼管配管の全盛期を迎えることになりました。

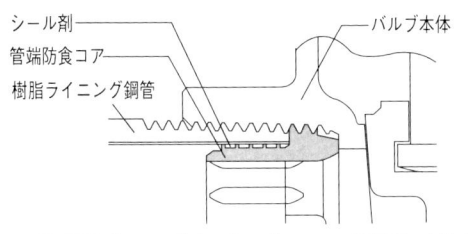

図 9-7　管端防食コア付きバルブのコア部構造（給水用）

図 9-7 に管端防食コア付きバルブのコア部構造を示します。

現在では、「兼用形・コア内蔵形」として給水・給湯形 2 種が「管端防食コア付きバルブ」として製造販売されています。

このトラブル対策は、樹脂ライニング鋼管（VLP、PLP）には、管端防食コア付きの銅合金製バルブを利用することです。

③　水系流体によるゴムの変質トラブル

建築設備などでは、水用一般バルブとしてゴムシート中心形バタフライ弁が多く用いられています。1990 年代には、本体材料がそれまでの鋳鉄に加えてアルミ合金製のものも発売されました。アルミ合金製ゴムシートバタフライ弁は、きわめて軽量でコンパクトであるため、配管現場へのロジスティクス（移送性）に優れているので、建築設備配管には、大量に利用されています（**図 9-8** 参照）。

ゴムシート中心形バタフライ弁では、ゴムシート材料がバルブの封止

図 9-8　本体アルミ合金製ゴムシート中心形バタフライ弁

性・耐久性を左右するため、流体に適正な材料選定は重要です。

給湯ラインでは、流体中の溶存塩素や酸素、熱影響などの各種アタックによりゴムシートが溶解破損する「黒水」発生現象が1990年代にしばしば現出しトラブルとなったため、現在では、メーカーは、改善した給湯対策ゴム材料（フッ素ゴム製など）給湯専用ゴムシートを備えたバタフライ弁を製造販売しています。また、給湯に限らず、給水においても、高濃度の洗浄・殺菌用塩素を含んだ受水槽の清掃水をゴムシートのバルブに一時的に流す事例があり、給湯と同様の注意が必要になります。

さらに、メーカーでは、耐食性に優れた四フッ化エチレン樹脂製シート ステンレス製本体の二重偏心形バタフライ弁も品揃えして、バルブの設置場所が貯湯槽の出口や熱源近くのより厳しい温度条件下でも対応できるよう選定の幅を広げています。使用条件を精査して、条件に合致したバルブ選定を行ってください。給湯の他、流体とゴム材料との相性は、**表9-3**に示すように選定に配慮してください。

表9-3　流体によるバルブのゴム材料適応可否例

用途、流体	(○)使用可材料	(×)使用不可材料	備　考
一般の給水や空調・消防用水など	EPDM		NBR、FPMも可
給湯および高濃度塩素水（プール）	FKM	EPDM、NBR	
給湯機出口、貯湯槽（高温水）	PTFE（テフロン®）	EPDM、NBR	条件によりFPMでも可
燃料油・油分を含む空気・窒素ガス（常温）	NBR	EPDM	油分を含まない空気はEPDMでも可

④　環境による腐食

バルブを含む配管材料について、流体による腐食はよく検討されるところですが、配管外部、すなわち取り巻く"環境"での耐食性も十分に検討すべきです。地上屋外配管であれば海岸地域での「塩害」や直射日

光による「熱射」などに注意する必要があります。塩害ではバルブ外面特殊塗装やステンレス製操作盤にするなどの指定が必要です。熱射では、自動弁などにはなるべく直射日光が当たらないような対策を取ってください。

電動バルブを屋外に設置するような利用では、第5章5-1(2)「電動バルブ」項で説明したように操作機の内部結露防止（防滴仕様品の採用とスペースヒータの常時通電）に努めなければいけません。

また、"埋設"と呼ばれる地中埋設配管における土中にピットを設置してその中にバルブを収めるような環境では、多湿や迷走電流など環境が地上に比べて劣悪なケースが多いため、黄銅材料の使用禁止・ハンドル材料の指定（アルミニウム・亜鉛は、適用不可）など考慮すべき項目が多くあります。

豆知識

カラフルな水はアウト！

「赤・白・抹茶・小豆・コーヒー・ゆず・桜」といえば名古屋名物"ういろう"のことですが、建築設備で「赤・白・青・黒」といえば、"食えない"水系流体のトラブル（水の色）のことを指しています。"赤"は銅管や鉄系部材からの「鉄さび」、"白"は亜鉛めっき鋼管からの「亜鉛」、"青"は銅管の腐食「緑青」、"黒"はゴムシール材料からの浸出遊離「黒鉛」、がそれぞれ水中に流出する現象で、給水や給湯ラインにはあってはならないトラブルです。流体や用途によって選定・使用上の注意や資料がメーカーから出されているので配管材料やバルブ仕様の選定には注意してください。

わー真っ赤だよ！

⑤ 異物の付着によるトラブル

バルブには腐食と並んで特有の"付着"によるトラブルがあります。また、付着とは多少イメージが異なりますが、さびなどがバルブの弁箱内に"堆積"してトラブルとなるケースもあります。

図9-9にシリカ系の異物が表面に付着したボール弁の弁体トラブル例を示します。操作トルクが増大し遂には作動不良となったものです。対策としては、定期的にバルブを作動（弁体を摺動させる）することです。

異物が付着した
ボール表面

図9-9　異物が表面に付着したボール弁の弁体トラブル例

図9-10にバルブの液だまりにさび瘤が堆積したトラブル例を示します。堆積物で弁体の閉止動作が阻害され作動不良となったものです。

原因は水平配管で天地逆吊りを行ったことにあります。対策としては、天地逆吊りを避けるか（横向きなどにする）、定期的に分解清掃すること

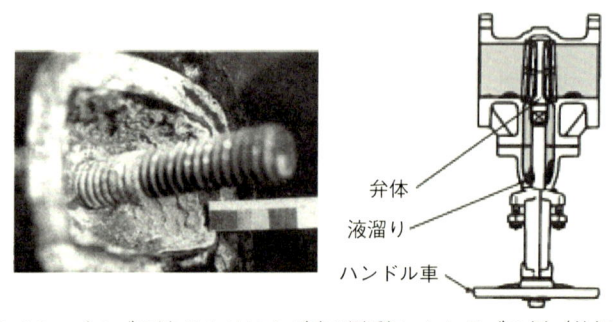

弁体
液溜り
ハンドル車

図9-10　バルブの液だまりにさび瘤が堆積したトラブル例（仕切弁）
（出典：バルブ技報）

です。

⑥　ウォータ／スチームハンマ

　ウォータハンマは、基本的には"瞬時の圧力上昇現象"ですが、その値は常用圧力の 10 ～数十倍に達することがあります。

　ウォータハンマや異常昇圧は、バルブ単体で発生するものと、配管系からバルブが受けるものとの 2 つがあります。

　これらの現象は、エネルギーの大きさや発生する頻度などでバルブの寿命を大きく阻害する要因となることがあり、場合によっては配管（継手）のすっぽ抜けなどのトラブルをも発生させます。

　トラブル現象としては、ガスケットやパッキンからの漏れ発生、バタフライ弁 弁体の変形や過剰食い込みによる作動不良などがあります。

　ウォータハンマは、バルブの仕様変更や緩衝装置の付加などで対策できる場合もありますが、配管上に防止機器（アキュムレータやアレスタなど）を別に設けなければならないケースもあります。

　バルブで発生する場合の対策としては、

(1)　閉止弁（手動弁や自動弁）では、全閉操作時間を遅くして、ゆっくり閉める
(2)　逆止め弁の閉止では、「衝撃吸収式（国土交通省標準仕様書記載）」の"ばね内蔵"構造のものを採用する（第 4 章 4-3(5)②項参照）
(3)　バルブ選定時にマージン（余裕）を持たせる
(4)　メーカーへ相談する

などが挙げられます。

バルブの開閉操作は、"ゆっくり"が基本

第 9 章 ● バルブの管理・メンテナンス

ウォータハンマは、蒸気ラインでも発生します。配管内に復水が存在すると大変危険で、バルブを急速に開くと、ハンマリングによって、機器を破壊してしまうことがあります。こうした危険を避けるためには、適切な排水装置（たとえば、スチームトラップ）を備える必要があることと同時に、バルブ（玉形弁）を開く場合には、初めにハンドルを1/4～1/3回転程度回し微開にてウォーミングアップ（配管系を徐々に温める操作）を図った後、徐々に全開することが必要です。

豆知識

ウォータ／スチームハンマ

　連続して流れている流体に急激な閉止など変動状態を加えた場合生ずるきわめて大きな圧力の変動をいいます。配管をハンマで叩いたような衝撃音や異常振動を生ずることから「ウォータハンマ」と呼ばれています。急激な再蒸発など蒸気ラインで生ずる場合は「スチームハンマ」といいます。

　配管を適度に多くの車が流れている高速道路にたとえると、1台の車が事故ったり、急ブレーキを掛けたりすると、後続車がよけきれず追突したりその場所で大渋滞したりすることと似ています。

　ウォータハンマはバルブの急速な閉止操作によって生ずる場合と、配管の別の場所（機器や装置）で生じ伝播する場合とがあり、前者はバルブの開閉操作をゆっくり行うようにすると改善されることがあります。特に一般的なスイング式逆止め弁は流体が逆流を始めてから弁体が作動して止めるため、遅れ時間差によるウォータハンマを生じやすいので注意が必要です。

俺たち急には止まれないよ！

⑦ 異常昇圧

　異常昇圧は、仕切弁やボール弁などシートが2枚あり、本体の内部（キャビティ部という）に「密封」された液体が流体、または周囲温度の上昇により膨張し異常な圧力上昇を起こすトラブルで、ふたやシール部品の変形、この結果として作動不良を招くことがあります。次項に述べる凍結も異常昇圧の一種です。

　トラブル防止対策としては、弁体に「圧力逃し穴」を設けるオプション仕様を事前に付加することになります。

　図9-11に弁体に「圧力逃し穴」を設けた例を示します。

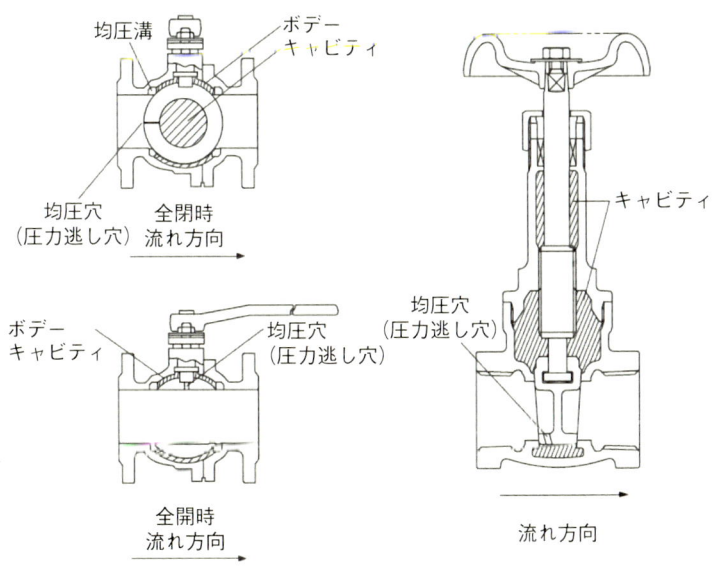

図9-11　ボール弁と仕切弁の弁体に「圧力逃し穴」を設けた例

⑧ 冷水結露

　冷温水・冷却水や給水ラインにおいて、しばしばバルブ「外面結露」によるトラブル事例が発生しています。長期間での外面劣化トラブル事例として紹介します。

　密閉された機械室やシャフトスペースなどで夏季温湿度差が高い場合

に生じやすく、これらのラインは、配管に保温・保冷施工をすることは、ほぼ常識的に行われています。バルブは、ハンドルやギヤ操作機など管保温材の外に突出している部位があり、冷水からの熱伝導によりこれらの部位が冷えて結露を生ずる場合があります（**図9-12**参照）。

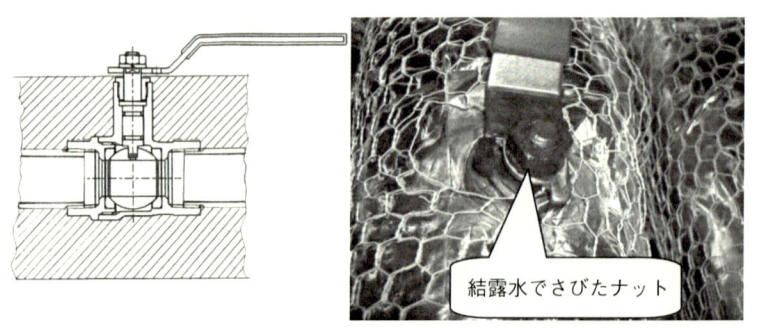

図9-12　保温配管（左）とハンドル部で発生した結露水によるさびトラブルの例（右）

結露量が多い場合は、配管外への染み出しや、水だれ、バルブ・管・管継手各外部を腐食させるなど、配管全体の耐用年数低減の原因となることがあります。

トラブル対策としては、バタフライ弁やボール弁において、「結露防止機能付き（ロングネック＋熱伝導防止）」バルブや、熱伝導率の低い「樹脂製ハンドル付」ボール弁を選定採用してください。国土交通省標準仕様書では、冷水に用いるボール弁のレバーハンドルは材料を"樹脂"とするよう記載があります。

⑨　凍　結

頻度が高く報告されるトラブル事例に「凍結」があります。凍結は、バルブ内部で発生するものと、配管の他の場所で凍結し流体が押されてくるものとの2タイプがあります。

比較的温暖な地方のマンションや工場の水系配管について、寒波到来の後の朝に発生事例が多くあります。寒冷地では、比較的凍結防止処置が講じられていますが、普段凍らない温暖な地方は、十分な対策が採ら

れていないことがあり、バルブの凍結による本体の割れなどのトラブル事例が意外と多くあります（図9-13参照）。水は凍結すると体積が膨張してバルブ内（または配管内）で異常昇圧を発生させるため、バルブの破損を招くことがあります。

図9-13 凍結して外漏れを生じた青銅製仕切弁の例

ふたが伸びてねじ部が破損

対策としては、凍結防止ヒータや水抜き、または水を流し放しにするなど、凍結防止措置を配管全体で考慮するしかありません。材料的には、「割れやすい」鋳鉄や青銅製を避け、鋳鍛鋼やダクタイル鋳鉄製とすることも事前の対策としては有効です。もちろんいくらバルブが頑丈でも、内部が凍ってしまっては"開閉操作"そのものができません。

⑩ 流体の絞りに関するトラブル

調節弁に限らず流体を極端に絞る場合、「キャビテーション」と呼ばれる"空洞"現象を生ずる場合があります。キャビテーションは、調節弁項でも説明しましたが、発生すると騒音や異常振動などのキャビテーションダメージ発生を招き、加えて配管材料にエロージョンを発生させることもあります。

対策としては、10％以下の極端な絞りで使用しない（差圧を減少、サイジング見直し）ようにしたり、キャビテーションダメージを低減させるような仕様のバルブを選定したりすることです。

仕切弁（ゲートバルブ）は、中間開度での絞りには利用できませんので、ご注意ください。

9-5 ● 自動弁、調節弁、調整弁の　　トラブル現象・要因・対策

（1） 電動バルブのトラブルと対策
① リレー内蔵仕様の適用
1つの信号で複数の電動弁を同期して運転するとき、単に電気並列接続を行って操作すると「回り込み電流発生」でトラブルを生ずることがあります。

この場合、個別の操作機に対して操作盤に個々にリレーを設けるか、「リレー内蔵」仕様のバルブ操作機とするか定めなければなりません。

② 設置環境
操作機に電気接続を行う場合、ハウジングを分解して行うタイプはシールパッキンを確認して防滴性の維持に注意する必要があります。当然のことながら、雨天時屋外での配線作業は行ってはいけません。

電動バルブのよくあるトラブルとその原因と対策とを**表 9-4** に示します。

（2） 空気圧自動バルブのトラブルと対策
① バルブのジャンピング
空気圧は「圧縮性流体」であるため、常時シリンダ・ピストンを均一に押圧し続けるわけではありません。ゴムシートバタフライ弁などに搭載したとき弁体がシートから開方向へ一気に脱力して動くトラブル現象や、閉止時に急に締めきりトルクが上昇し空気圧の上昇とともに一気に閉まる現象を「ジャンピング」と呼びます。シリンダへの供給空気源（スピードコントローラ）を絞って遅速にすると生じやすい場合があります。

② 空気のドレン対策（乾燥空気使用）
冬季あるいは寒冷地で使用される場合には、機器の材料面と操作空気

表 9-4　電動操作機のトラブルと対策[1]

トラブル現象	推定原因	対　策
開閉動作しない	電源が入っていない	① 電源を入れる ② ヒューズ等を確認する
	電源電圧の違い	① 仕様にあった電源に変更する （過電圧をかけた場合は点検が必要）
	結線違い	① 正しい結線に直す
	絶縁不良	① アクチュエータ交換
	モータ保護回路の働き （動作頻度が高い）	① 動作頻度の点検 ② 周囲温度、流体温度確認
	バルブのトルクアップ	① 流体圧力、粘度、異物の噛みこみ点検
	モータ、減速機の寿命	① アクチュエータ交換
開閉動作が異常	並列運転等制御回路の問題	① 制御回路の見直し
	駆動リレーの溶着	① 定格電流値より余裕のあるリレーを使用
ブレーカが作動	水の浸入による絶縁劣化	① 操作機交換
発熱する	電源電圧が高い	① 電源電圧が仕様範囲内か点検
	動作頻度が高い	① 動作頻度を下げ仕様に合わせる
	周囲温度が高い	① 直射日光等を防ぎ仕様範囲内の環境にする
	駆動リレーの溶着による開閉両通電	① 定格電流値より余裕のあるリレーを使用
異音がする	バルブのトルクアップ	① 液体圧力、粘度、異物の噛みこみ点検
	モータ、減速機の寿命	① アクチュエータ交換
	駆動リレーの溶着による開閉両通電	① 定格電流値より余裕のあるリレーを使用

のドレン凍結について対策する必要があります。金属がアルミ系であれば低温には問題がありませんが、亜鉛、鉄鋳物については高圧ガス規定についても検討し、シール材については、Oリングは低温用NBRに変更する必要があり、潤滑剤についても検討する必要があります。

③ 高温仕様対策（−20℃〜＋100℃）

操作機や付属品シール材についてはゴム性のOリングはFKMに変更する必要があり、潤滑剤についても検討する必要があります。空気圧自動バルブのよくあるトラブルとその原因と対策とを**表9-5**に示します。

（3） 調節弁・調整弁のトラブルと対策

調節弁の選定で重要なことは、「大は小を兼ねない」ということです。バルブの絞り機能を利用する調節弁では、調節値の可能範囲や重要な制御ポイント（よく利用する値）をよく考慮して選定してください。とかく各ファクター（特に最大流量など）に余裕をもたせて選定するあまり、"過大な調節弁"を選んで必要な制御域や精度を得られないということがよく見受けられます。「象の耳かき」では人間の耳あかをとることはできないのです。調節弁のよくあるトラブルとその原因と対策とを**表9-6**に示します。

調整弁は調節弁と異なり、いろいろな用途や仕様向けにそれぞれ特化された機能・構造のものが製造販売されているため、画一的なトラブルと対策例をあげて記載することが難しいので、本項では説明を割愛します。メーカーでは技術資料などで公開されているところもあると思われますので、機器別に参照してください。

調整弁・安全弁・電磁弁などのバルブはいずれの形態でも可動部（弁体）を有して流体を止めたり流したり絞ったりしますから"ゴミ噛み込み"は、汎用弁を含めて各バルブに共通したトラブル要因ですからその対策を疎かにせずに実施しましょう。

実際にメーカーに連絡されるバルブの苦情発生報告でも"ゴミ噛み込み"要因は、ダントツの第1位です。

表9-5 空気圧式操作機のトラブルと対策例[1]

	トラブル現象	推定原因	対　　策
操作機の作動が異常の時	・供給圧力が規定圧に達しない ・供給圧力が全く得られない	① コンプレッサの異常、または容量不足 ② コンプレッサから操作機までの配管部エア漏れ ③ コンプレッサの故障 ④ 配管の詰まり、配管径が細い、配管部凍結 ⑤ レギュレータの故障	① コンプレッサの点検および配管の手直し ② 同上の対策 ③ 同上の対策 ④ 同上の対策 ⑤ 分解点検、手直し、交換
	・操作機に操作空気圧が到達しているのに作動しない	① バルブのシート部に異物の噛み込み ② バルブのトルクが上昇 ③ スピードコントローラの絞り過ぎ ④ 操作機の故障	① バルブ本体の分解点検、洗浄、シート交換 ② 同上の対策 　操作圧力を変更する場合はメーカーに問い合わせ ③ スピードコントローラの再調整 　操作圧力を変更する場合はメーカーに問い合わせ ④ 操作機の部品交換、または本体交換
電磁弁に通電したが作動しない	・電磁弁に異常音が発生する ・電磁弁が異常に昇温する	① 配線の断線 ② 電磁石の破損 ③ 水が電磁石の内部に浸入、またはターミナル部に浸入 ④ 電圧が不適正 ⑤ 電磁弁内部（スプール）に異物混入	① 配線のチェック ② 電圧チェックおよびコイルの交換 ③ 防水対策およびコイル交換 ④ 電圧チェック、電磁弁の銘板仕様確認、またはコイル交換 ⑤ 分解、清掃、または電磁弁の交換
	・電磁弁の排気ポートからの異常な漏れが発生	① 操作機のピストンOリングの摩耗、または異物の噛み込み ② 電磁弁のシール部品の摩耗、または異物の噛み込み	① 分解点検、清掃、またはOリングの交換 ② 電磁弁の点検、または交換

第9章●バルブの管理・メンテナンス

表9-6　調節弁のトラブルと対策例①[1)]

現　象			推定原因	対　策
弁の動作が不安定	制御信号がハンチングする	駆動用供給空気圧力が変動する	設備の計量空気容量不足	・コンプレッサの容量を大きくする ・別に専用コンプレッサを設ける
			エア・セットの故障	・エア・セットの点検
			信号圧力配管の抵抗や容量が不適当（空気制御信号）	・信号圧力配管に容量タンクや絞りを入れてみる
			調節計の故障、またはチューニング不足	・調節計の点検、またはチューニングの実施
	制御信号・供給空気が一定でもハンチングする		ポジショナの故障	・ポジショナ各部の摩擦・摩耗を点検 ・パイロットリレーの点検 ・ポジショナ感度調整
			プロセス流体圧力変動による不平衡・軸推力の変動	・弁閉後差圧を減らす ・剛性の高い操作機に換える ・ポジショナ未使用の場合、追加する
	全閉位置付近でハンチングする		調節弁容量（Cv値）が大きすぎる	・弁閉後の差圧を減らす ・Cv値の小さい内弁に取り換える
			擦れ方向逆取り付けミス	・出入り口を反対に取り付け直す
弁が振動する	どの開度でも振動する		サポートの不足	・弁前後のサポートを強化する
			周辺に振動源がある	・振動の原因を取り除く
			プラグ・ガイド部の摩耗	・ガイド・ブッシュやバルブ・プラグの交換
弁の動作が鈍い	往復ともに動作が鈍い		バルブ・プラグのガイド部や上蓋の液体滞留部に、スラリなどの付着物が詰まっている	・開放して清掃 ・ガイド部の圧力バランス孔を大きくする ・低温固着を発生する液体の場合、スチームジャケット付本体に改造する ・ストレート・スルー弁に交換する
			ピストンOリングの摩耗・破損（ピストン・シリンダ形操作器）	・Oリングの交換
			グランドパッキンの変質・硬化による摩擦力の増大	・グランドパッキンの交換 ・潤滑油の補給

表 9-6 調節弁のトラブル対策例②[1)]

現　象	推定原因	対　策
弁が作動しない／操作用供給空気は正常だが、制御信号があがらない	信号空気配管からの漏れ（空気制御信号）	・空気配管の点検（特に継手部）
	ポジショナ制御信号受信部の漏れまたは破損	・受信ベローズやダイヤフラムの交換
	調節計の故障	・調節計の点検
制御信号は正常だが、ポジショナ制御空気圧が低下または来ない	エアーセットのフィルタの目詰まり	・フィルタの清掃
	空気配管の漏れまたは詰り	・空気配管の点検（特に継手部）
	エアーセットの故障	・エアーセットの点検
ポジショナ出力が出ない	ポジショナおよびパイロットリレーの故障	・ポジショナおよびパイロットリレーの点検
	操作器ダイヤフラムからの漏れまたはダイヤフラム破損	・操作器ダイヤフラムの交換
操作器に空気が導入されているが、動作しない	バルブステム、ガイドブッシュ部などの焼き付きまたは噛み込み	・弁本体を開放点検し、損傷部分の再加工または部品交換
	バルブプラグに異物噛み込み	・弁本体を開放点検し、清掃
	バルブステムの曲がり	・バルブステムの修理または交換
	操作器の故障	・操作器の点検
弁が全閉しない／内弁の漏れが多い／弁全閉信号が操作器に導入されているが、内弁の漏れが多い	全閉位置の調整ズレ	・全閉位置の再調整
	バルブプラグ、シートリングの腐食・浸食・摩食・傷	・シート部の再擦り合わせ ・シート部再加工 ・部品交換（硬化処理を再検討）
	シートリング外部（ねじ部やガスケット）の腐食や浸食	・シートリングやガスケットの交換 ・シートリングの組み付け方式再検討（溶接形など）
	弁本体隔壁からの漏れ	・ピンホール部溶接補修 ・弁本体の交換
	液体差圧が大きすぎる	・弁前後差圧を減らす ・操作器を出力の大きいものに換える
バルブステムが全閉位置まで動かない	バルブプラグ／シートリング間の異物噛み込み	・開放・点検および清掃
	ガイド部やプラグの焼き付き	・焼き付き部を再加工
	シートリングのゆるみ	・シートリングの組み付け直し
	リフトストッパや手動ハンドルが動いている	・リフトストッパ／手動ハンドルの確認と調整
	エアーセットからの供給空気圧力の不足（正作動操作器）	・エアーセット設定圧力の調整
	グランドパッキンの変質・硬化による摩擦力の増加	・グランドパッキンの交換 ・潤滑剤の補給

表 9-6　調節弁のトラブル対策例③[1]

現　象		推定原因	対　策
液体の外部漏洩	グランドパッキンから内部液体が外部に洩れる	パッキングランド用スケットボルト／ナットのゆがみ	・パッキングランド用スケットボルト／ナットの増し締め
		パッキン潤滑剤がきれている	・潤滑剤の補給
		グランドパッキンの摩耗または傷	・グランドパッキンの交換（材質の再検討）
		バルブステムやパッキンボックス内部の傷・腐食、浸食	・開放して再加工または部品交換 ・バルブステム保護用フェルトリングやゴムベローズを付ける（外部からのゴミの侵入防止）
	ガスケット面から内部液体が外部に洩れる	ガスケット面の傷・腐食・侵食	・ガスケット交換（材質の再検討）
弁特性の変化	弁開度が変わり、制御範囲（レンジデビリティ）が小さくなった	バルブプラグ特性部の腐食・浸食・摩食	・バルブプラグやシートリングの交換（耐食性や硬度など材料の再検討）

引用・参考文献

［引用文献］
1)「新版　バルブ便覧」(一社) 日本バルブ工業会編纂（日本工業出版発行）
2)「新・初歩と実用のバルブ講座」新・バルブ講座編集委員会編纂（日本工業出版発行）
3)「製品カタログ・営業資料」㈱ベン
4)「製品カタログ・営業資料」㈱オーケーエム
5)「製品カタログ・営業資料」日本ダイヤバルブ㈱
6)「製品カタログ・営業資料」東洋バルヴ㈱
　注）本文中に「引用番号」のない図表、写真は東洋バルヴ㈱からの引用

［参考文献］
7)「プラント用バルブのユーザーガイド〈JV 規格 JV-3〉」((一社) 日本バルブ工業会発行)
8)「建築設備用バルブのユーザーガイド〈参考資料〉」((一社) 日本バルブ工業会発行)
9)「工業プロセス用調節弁」(日本工業出版)
10)「絵とき　配管技術　基礎のきそ」(日刊工業新聞社)

索　引

❖英❖

JIS 規格	67
JIS 規格バルブ	16
JPI（日本石油学会）規格	182
JV 規格	68
O リングシール	25
V ポートボール弁	88
Y 形弁	81

❖あ❖

圧縮性と非圧縮性	16
圧力-温度基準	52
圧力損失	18
圧力調整弁	144
圧力の表示	54
油（燃料油）	194
アングル弁	81
安全弁	163
安全弁のサイジング規格	165
イコールパーセンテージ特性	139
異種金属接触腐食	58
異常昇圧対策（バルブ内部の圧力異常）	199
板弁（ナイフゲートバルブ）	78
一次圧力保持弁	148
異物の付着	222
医薬品・化粧品	176
ウェハー形	50
ウェアー式	99
ウォータ/スチームハンマ	223
薄肉ステンレス鋼管	195
渦流	18
内漏れ	22
エアトラップ	157
エアベント	161
液位調整弁	154
遠隔操作弁	112
黄銅	57
黄銅材料の使用制限	60
温度調整弁	153

❖か❖

開度表示装置	108
環境による腐食	220
管端つば出し工法	51
管端防食コア	46
管内清掃仕様（ピグ洗浄）	185
逆止め弁	95
球状黒鉛鋳鉄品	57
給水用ライニング鋼管	195
給湯用ライニング鋼管	195
くい込み式	44
クイックオープン特性	139
空気圧機器の空気源標準圧力	118
空気圧自動バルブのトラブル	228
空気圧操作式自動弁	114

索引

空気圧付属機器	119
空気抜き弁	161
偶発故障と劣化故障	208
クォーターターン形バルブ	93
管用ねじ配管作業	202
グランドパッキン	24
グランド漏れ	22
ゲージ弁（調節弁）	135
減圧弁	144
現象と単位	12
建築設備	169
高温高圧用炭素鋼鋳造品	57
口径	40
公的許認可（認証制度）	65
コック	102
ゴムシート中心形バタフライ弁	90
ゴムの変質トラブル	219
コントロールバルブ	131
コンポーネント	8

■ さ

サイジング（調節弁）	140
差込み溶接形	44
サポート（支持）	202
座面形状	49
シールの理論	22
仕切弁	73
事後保全と予防保全	207
蛇口とカラン	34
周囲環境	52
縮径	40

手動弁の開閉操作	105
蒸気	192
衝撃吸収式逆止め弁	97
使用条件	52
食品・飲料	176
浸透性の高いガス	193
水道（施設～水道配水）	170
スイング式	95
スタンダードボア	40
スチームトラップ	157
ステンレス鋼鋳造品	57
ストレート式	99
スプリングリターン形（空気圧操作弁）	116
スペシャルティ	8
青銅	57
石油工業用専用用途弁	181
接続端	43
接頭辞	110
船舶	178
専用用途弁	180
装置工業（水処理、洗浄）	173
層流と乱流	17
外漏れ	22
ソルダー形	44

■ た

帯電防止機構	184
ダイヤフラム弁	99
多ポート式ボール弁	86
玉形弁	78
単座弁（調節弁）	135

237

調整弁（自力式）	142
調節弁（他力式）	131
調節弁・調整弁のトラブル	230
直動式電磁弁	126
突合せ溶接形	44
定水位弁	156
定流量弁	149
デュアルプレート式	95
電磁弁（ソレノイドバルブ）	126
転造ねじ	47
電動操作式自動弁	120
電動バルブのトラブル	228
胴着漏れ	22
凍結	226
トップエントリー形ボール弁	89
共連れ交換	207
トラニオン形ボール弁	88
トラブル現象	215
取付け姿勢	
（バルブ設置上の姿勢制限）	197

◆ な ◆

ナイロンライニング	109
流れの状態（制限）	198
流れ方向（制限）	196
鉛レス青銅	57
ニードル弁	81
二重偏心形バタフライ弁	92
ねじ込み形バルブ	45
ねずみ鋳鉄鋳造品	57
燃料ガス	
（LPガス・都市ガス）	194
燃料ガス設備	174
農業（灌水・水耕栽培）	177
逃し弁	163

◆ は ◆

背圧弁	148
配管	17
パイロット式電磁弁	126
バタフライ弁	90
発電（火力・原子力）	175
バルブ操作の動線	201
バルブ取扱い上の注意点	203
バルブの規格	66
バルブの機能	70
バルブの基本構造	71
バルブの材料	55
バルブの市場概要	170
バルブの設計	190
バルブの選定要素	188
バルブの操作	62
バルブの耐用年数	209
バルブの定義	28
バルブの分類と選定要素	36
バルブの法規	64
バルブの歴史	29
半導体製造	177
汎用弁	180
汎用弁のトラブル現象	217
ピンチ弁	101
ファイヤーセーフ機構	184
複座弁（調節弁）	135
プラグ弁	102

プラント（石油工業、化学）	171	ユニオン形	45
フルボア	40	用途による制限	190
プレッシャーシール	24	要部	55
フランジ形	44	容量	41
フローティング形	83	呼び径	38
ベルヌーイの法則	17	リニア特性	139
偏心形ボール弁	89	リフト式	95
偏流	18	硫化水素ガスへの材料対策	185
方向（流路）切換え弁	104	流速（制限）	197
ボールタップ	156	流体	15
ボール弁	82	流体の絞り	227
ボール弁の弁体・弁座口径	85	流量調整弁	149
ボール弁の弁箱	84	流量特性	138
ポジショナ（バルブポジショナ）	138	冷水結露	225
		レイノルズ数	17
保守・保全の考え方	206	レデュースドボア	40
保証期間	214	ロック装置	108
本体	55	ロングネック	87

ま・や・ら

メンテナンススペース ……… 201

索引

◎著者略歴◎
小岩井　隆（こいわい　たかし）
1952年生まれ
1975年　武蔵工業大学機械工学科卒業
1975年　東洋バルヴ株式会社入社。設計・開発・マーケティング、営業本部商品開発グループ長などに従事し、現在は株式会社キッツ　技術本部
　　　　NPO給排水設備研究会 会員

●主な著書
「配管・バルブべからず集」共著、JIPMソリューション
「新 初歩と実用のバルブ講座」共著、日本工業出版
「新版 バルブ便覧」共著、（一社）日本バルブ工業会編、日本工業出版
「建築設備　配管工事読本」共著、日本工業出版
「トコトンやさしいバルブの本」日刊工業新聞社
「バルブの選定とトラブル対策」日刊工業新聞社

絵とき　「バルブ」基礎のきそ　　　　　　　　　　　　NDC528

2014 年 2 月 26 日　初版 1 刷発行　　（定価はカバーに表示してあります）
2023 年 5 月 31 日　初版 10 刷発行

Ⓒ　著　者　　小岩井　隆
　　発行者　　井水　治博
　　発行所　　日刊工業新聞社
　　　　　　　〒103-8548　東京都中央区日本橋小網町 14-1
　　電　話　　書籍編集部　03（5644）7490
　　　　　　　販売・管理部　03（5644）7410
　　FAX　　　03（5644）7400
　　振替口座　00190-2-186076
　　URL　　　https://pub.nikkan.co.jp/
　　e-mail　　info@media.nikkan.co.jp
　　企画・編集　エム編集事務所
　　印刷・製本　新日本印刷（株）（POD5）

落丁・乱丁本はお取り替えいたします。
2014 Printed in Japan
ISBN 978-4-526-07198-0　C3043
本書の無断複写は、著作権法上の例外を除き、禁じられています。